职业教育与技能训练**一体化教材**

数控车床编程
练习指导与提高

刘蔡保 编著

化学工业出版社
·北京·

内容简介

本书分为数控车床编程基础案例和数控车床编程提高案例两部分，共58个案例，每个案例按照学习目的、加工图纸及要求、工业分析和模型、数控程序、刀具路径及切削验证、经验总结展开，并且配套动画演示。本书数控车床编程基础案例对应刘蔡保编著的《数控车床编程与操作》（第三版）的随堂练习和综合练习内容，数控车床编程提高案例为帮助读者提高编程技能和效率设计的内容。

本书可作为职业院校教材，也可作为从事数控车床操作与编程的初学者和技术人员用书，并可供培训使用。

图书在版编目（CIP）数据

数控车床编程练习指导与提高 / 刘蔡保编著.
北京：化学工业出版社，2025. 6. --（职业教育与技能训练一体化教材）. -- ISBN 978-7-122-47836-8

Ⅰ. TG519.1

中国国家版本馆 CIP 数据核字第 2025HH2824 号

责任编辑：韩庆利　　　　　　　文字编辑：吴开亮
责任校对：李雨晴　　　　　　　装帧设计：刘丽华

出版发行：化学工业出版社
　　　　　（北京市东城区青年湖南街 13 号　邮政编码 100011）
印　　装：北京云浩印刷有限责任公司
787mm×1092mm　1/16　印张 12¼　字数 296 千字
2025 年 9 月北京第 1 版第 1 次印刷

购书咨询：010-64518888　　　　售后服务：010-64518899
网　　址：http://www.cip.com.cn
凡购买本书，如有缺损质量问题，本社销售中心负责调换。

定　　价：69.00 元　　　　　　　版权所有　违者必究

前言

对于数控车床编程的初学者来说，学习的难点不仅仅在于接触新的知识点，还在于除了书上现成的例题之外，相应的练习题如何编程，以及对于自己所编写的程序如何检验。基于如上的考虑，在《数控车床编程与操作》出版十多年后，编著者针对编程学习的每一个知识点，把教材《数控车床编程与操作》（第三版）中的练习题，包括随堂练习和综合练习共48题，将其加工工艺、刀具路径设计和加工程序等内容，都进行了详细地介绍，每道例题都有对应的车削验证模拟动画演示。广大学习者通过这些内容，可以更好地吸收知识、检验知识、巩固知识。

另外，考虑到能力的提升，本书特别列举了10道提高例题，较之基础练习，难度有所提高，这里提高的不仅仅是零件的复杂程度，也包括工艺上的考量，因为学习编程的最终目的是要实现编程效率和加工效率的最佳优化组合。

本书作为《数控车床编程与操作》（第三版）的指导书，可以作为辅助教材拓展学习者的知识，也可以单独作为数控车床编程的案例集。

学习是劳动，是充满思想的劳动，任何的成就当归功于不懈的思索，希望大家在学习的道路上孜孜不倦、勤学苦练，有所收获。

本书在编写过程中得到了徐小红女士的大力帮助，在此一并表示感谢。

编著者

目录

第一章　数控车床编程基础案例

一、短轴零件 …………………………………………………………………… 001
二、倒角短轴零件 ……………………………………………………………… 003
三、锥头圆弧轴零件 …………………………………………………………… 005
四、球头短轴零件 ……………………………………………………………… 007
五、复合形状短轴零件 ………………………………………………………… 009
六、圆弧短轴复合零件 ………………………………………………………… 011
七、锥面短轴复合零件 ………………………………………………………… 014
八、双锥面短轴复合零件 ……………………………………………………… 016
九、球头细腰短轴零件 ………………………………………………………… 019
十、球头圆弧轴零件 …………………………………………………………… 022
十一、球头圆弧定位轴零件 …………………………………………………… 024
十二、G32 指令加工螺纹短轴零件 …………………………………………… 027
十三、G92 指令加工螺纹短轴零件 …………………………………………… 031
十四、复合轴螺纹零件 ………………………………………………………… 034
十五、辊轴零件 ………………………………………………………………… 037
十六、宽槽复合轴零件 ………………………………………………………… 039
十七、圆弧螺纹轴零件 ………………………………………………………… 042
十八、多阶台复合轴零件 ……………………………………………………… 045
十九、球头复合轴螺纹零件 …………………………………………………… 048
二十、球座模型零件 …………………………………………………………… 051
二十一、长螺纹复合轴零件 …………………………………………………… 054
二十二、锥头阶台配合轴零件 ………………………………………………… 057
二十三、多阶台复合轴零件 …………………………………………………… 059
二十四、多阶台复合短轴零件 ………………………………………………… 062
二十五、圆弧阶台轴零件 ……………………………………………………… 065
二十六、复合阶台套零件 ……………………………………………………… 068
二十七、圆弧阶台短轴套零件 ………………………………………………… 071
二十八、圆阶台螺纹轴零件 …………………………………………………… 074
二十九、球头宽槽零件 ………………………………………………………… 077
三十、等距槽复合轴零件 ……………………………………………………… 080
三十一、多阶台轴套零件 ……………………………………………………… 083

三十二、复合内螺纹轴套零件 ···································· 086

三十三、复合轴锥度螺纹零件 ···································· 089

三十四、双螺纹短轴零件 ··· 092

三十五、三头螺纹复合零件 ······································ 096

三十六、双头螺纹复合零件 ······································ 099

三十七、复合椭圆轴零件 ··· 103

三十八、椭圆弧螺纹轴零件 ······································ 106

三十九、复合阶台多槽零件 ······································ 110

四十、多圆弧复合台阶轴零件 ···································· 113

四十一、标准螺纹轴零件 ··· 116

四十二、复合螺纹循环短轴零件 ·································· 120

四十三、梯形槽螺纹轴零件 ······································ 123

四十四、圆弧宽槽螺纹轴零件 ···································· 128

四十五、复合螺纹标准轴零件 ···································· 132

四十六、复合轮廓梯形槽零件 ···································· 135

四十七、复合螺纹宽轴零件 ······································ 139

四十八、复合螺纹细长轴零件 ···································· 143

第二章　数控车床编程提高案例

一、锥头复合轴零件 ··· 148

二、鼓形宽槽短轴零件 ··· 151

三、球头圆弧轴零件 ··· 155

四、锥面等距槽复合零件 ··· 158

五、多槽复合长轴零件 ··· 162

六、复合螺纹轴零件 ··· 166

七、V形槽螺纹轴复合零件 ······································· 171

八、圆弧等距槽零件 ··· 176

九、复合定位盘零件 ··· 180

十、复合螺纹宽轴配合零件 ······································ 183

参考文献

第一章
数控车床编程基础案例

一、短轴零件

1. 学习目的

① 思考编写数控程序的完整组成部分。
② 熟练掌握通过起刀点和退刀点设置的方法。
③ 能迅速构建编程所使用的模型。

2. 加工图纸及要求

数控车削加工如图 1.1 所示的零件，编制其轮廓表面最后一刀加工的数控程序。

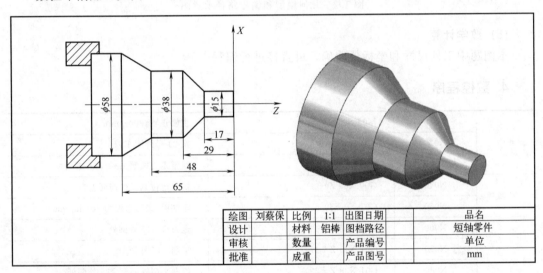

绘图	刘蔡保	比例	1:1	出图日期		品名	
设计		材料	铝棒	图档路径		短轴零件	
审核		数量		产品编号		单位	
批准		成重		产品图号		mm	

图 1.1　短轴零件

3. 工艺分析和模型

（1）工艺分析

该零件表面由外圆柱面、斜锥面等表面组成，零件图尺寸标注完整，符合数控加工尺寸标注要求；轮廓描述清楚完整；零件材料为铝棒，切削加工性能较好，无热处理和硬度要求。

（2）毛坯选择

零件材料为铝棒，ϕ58mm。

（3）刀具选择

刀具号	刀具规格名称	加工内容	刀具特征	备注
T0101	硬质合金 35°外圆车刀	车端面及车轮廓		

（4）几何模型

本例题一次性装夹，由于是初学编程的例题，因此轮廓部分采用基本指令（G01）一次性完成，其加工路径的模型设计如图 1.2 所示。

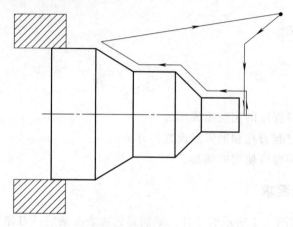

图 1.2　几何模型和编程路径示意图

（5）数学计算

本例题中工件尺寸和坐标值明确，可直接进行编程。

4. 数控程序

	N010	M03 S800	主轴正转，800r/min
开始	N020	T0101	换 01 号外圆车刀
	N030	G98	指定走刀按照 mm/min 进给
端面	N040	G00 X60 Z0	快速定位到工件端面上方
	N050	G01 X0 F80	车端面，走刀速度为 80mm/min
	N060	G01 X15 Z0	走刀至 φ15 外圆处
	N070	G01 X15 Z−17	车削 φ15 外圆
轮廓	N080	G01 X38 Z−29	斜向车削锥面至 φ38 外圆处
	N090	G01 X38 Z−48	垂直车削 φ38 外圆
	N100	G01 X58 Z−65	斜向车削锥面至 φ58 外圆处
	N110	G00 X200 Z200	快速退刀
结束	N120	M05	主轴停
	N130	M30	程序结束

5. 刀具路径及切削验证

短轴零件刀具路径如图 1.3 所示。

6. 经验总结

① 作为学习数控车床编程的第一个例题，必须书写完整的段号、程序，并且学会分段检查。

② 注意车端面定位的位置。

③ 题目中有坐标要求时，必须按照题目要求编写刀具的位置。

④ 特别提醒：本例题为练习编程所使用，绝对不能上机操作。

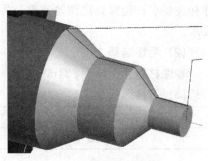

图 1.3　短轴零件刀具路径

注：本例题对应《数控车床编程与操作》（第三版）（刘蔡保主编）第 34 页图 3-15。

二、倒角短轴零件

1. 学习目的

动画演示

① 思考编写数控程序的完整组成部分。

② 熟练掌握通过起刀点和退刀点设置的方法。

③ 思考是否可以设置不同的倒角延长点。

④ 能迅速构建编程所使用的模型。

2. 加工图纸及要求

数控车削加工如图 1.4 所示的零件，编制其轮廓表面最后一刀加工的数控程序。

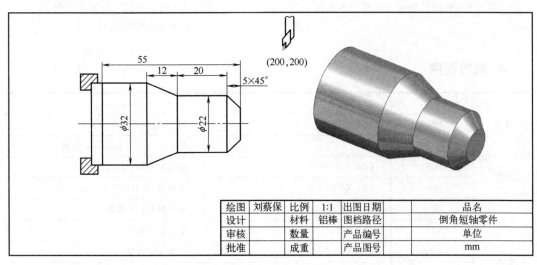

绘图	刘蔡保	比例	1:1	出图日期		品名	
设计		材料	铝棒	图档路径		倒角短轴零件	
审核		数量		产品编号		单位	
批准		成重		产品图号		mm	

图 1.4　倒角短轴零件

3. 工艺分析和模型

(1) 工艺分析

该零件表面由外圆柱面、斜锥面等表面组成，零件图尺寸标注完整，符合数控加工尺寸标注要求；轮廓描述清楚完整；零件材料为铝棒，切削加工性能较好，无热处理和硬度要求。

（2）毛坯选择

零件材料为铝棒，ϕ34mm。

（3）刀具选择

刀具号	刀具规格名称	加工内容	刀具特征	备注
T0101	硬质合金45°外圆车刀	车端面及车轮廓		

（4）几何模型

本例题一次性装夹，由于是初学编程的例题，因此轮廓部分采用基本指令（G01）一次性完成，其加工路径的模型设计如图1.5所示。

（5）数学计算

本例题中工件尺寸和坐标值明确，通过相似三角形计算出倒角延长线后，可直接进行编程，如图1.6所示。

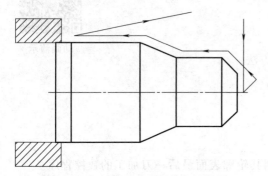

图1.5　几何模型和编程路径示意图

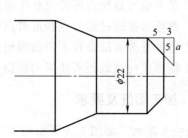

图1.6　通过相似三角形的比例
关系求出线段 a 的长度

4. 数控程序

	N010	M03 S800	主轴正转，800r/min
开始	N020	T0101	换01号外圆车刀
	N030	G98	指定走刀按照 mm/min 进给
端面	N040	G00 X40 Z0	快速定位到工件端面上方
	N050	G01 X0 Z0 F80	车端面，走刀速度为 80mm/min
	N060	G01 X6 Z3	移至倒角延长线处
	N070	G01 X22 Z—5	车削 C5 倒角
轮廓	N080	G01 X22 Z—20	车削 ϕ22 外圆
	N090	G01 X32 Z—32	斜向车削锥面至 ϕ38 外圆处
	N100	G01 X32 Z—55	车削 ϕ32 外圆
	N110	G00 X200 Z200	快速退刀
结束	N120	M05	主轴停
	N130	M30	程序结束

5. 刀具路径及切削验证

倒角短轴零件刀具路径如图 1.7 所示。

6. 经验总结

① 注意倒角延长线的坐标不是一个固定值，根据倒角位置的工件直径和向右延伸的 Z 值来决定。

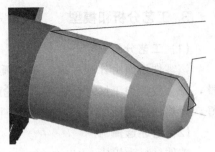

图 1.7　倒角短轴零件刀具路径

② 一般来说，倒角延长线不要低于中心线，也就是 X0 的位置。

③ 题目中有坐标要求时，必须按照题目要求编写刀具的位置。

④ 特别提醒：本例题为练习编程所使用，绝对不能上机操作。

注：本例题对应《数控车床编程与操作》（第三版）（刘蔡保主编）第 35 页图 3-20。

三、锥头圆弧轴零件

动画演示

1. 学习目的

① 思考锥头部分如何计算。
② 熟练掌握通过起刀点和退刀点设置的方法。
③ 思考圆弧顺时针、逆时针的判断方法。
④ 能迅速构建编程所使用的模型。

2. 加工图纸及要求

数控车削加工如图 1.8 所示的零件，编制其轮廓表面最后一刀加工的数控程序。

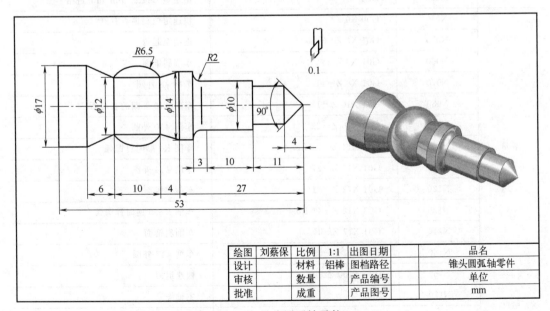

绘图	刘蔡保	比例	1:1	出图日期		品名	
设计		材料	铝棒	图档路径		锥头圆弧轴零件	
审核		数量		产品编号		单位	
批准		成重		产品图号		mm	

图 1.8　锥头圆弧轴零件

3. 工艺分析和模型

（1）工艺分析

该零件表面由外圆柱面、顺圆弧、逆圆弧、斜锥面等表面组成，零件图尺寸标注完整，符合数控加工尺寸标注要求；轮廓描述清楚完整；零件材料为铝棒，切削加工性能较好，无热处理和硬度要求。

（2）毛坯选择

零件材料为铝棒，ϕ20mm。

（3）刀具选择

刀具号	刀具规格名称	加工内容	刀具特征	备注
T0101	硬质合金 35°外圆车刀	车轮廓		

（4）几何模型

本例题一次性装夹，由于是初学编程的例题，因此轮廓部分采用基本指令（G01、G02、G03）一次性完成，其加工路径的模型设计如图 1.9 所示。

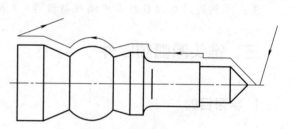

（5）数学计算

本例题中工件尺寸和坐标值明确，锥头头部计算简单，可直接进行编程。

图 1.9　几何模型和编程路径示意图

4. 数控程序

	N010	M03 S800	主轴正转，800r/min
开始	N020	T0101	换 01 号外圆车刀
	N030	G98	指定走刀按照 mm/min 进给
轮廓	N040	G00 X0 Z2	快速定位到顶点右侧
	N050	G01 X0 Z0 F100	进给至起点
	N060	G01 X8 Z−4	车削斜锥面
	N070	G01 X8 Z−11	车削 ϕ8 外圆
	N080	G01 X10 Z−11	车削 ϕ10 的右端面
	N090	G01 X10 Z−22	车削 ϕ10 外圆
	N100	G02 X14 Z−24 R2	车削 R2 顺时针圆弧
	N110	G01 X14 Z−27	车削 ϕ14 外圆
	N120	G01 X12 Z−31	车削斜锥面
	N130	G03 X12 Z−41 R6.5	车削 R6.5 逆时针圆弧
	N140	G01 X17 Z−47	车削斜锥面
	N150	G01 X17 Z−53	车削 ϕ17 外圆
	N160	G00 X200 Z200	快速退刀
结束	N170	M05	主轴停
	N180	M30	程序结束

数控车床编程练习指导与提高

5. 刀具路径及切削验证

锥头圆弧轴零件刀具路径如图1.10所示。

6. 经验总结

① 如果是锥头，即尖头零件，不需要计算延长线。

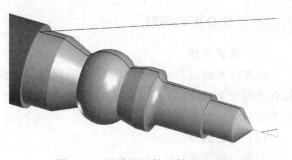

图1.10　锥头圆弧轴零件刀具路径

② 尖头零件不必车端面。

③ 本例题不能直接采用G00指令接触工件。先采用G00指令快速接近工件，当快接触工件时，留有一段距离，采用G01指令切入，可大大节约时间。

④ 特别提醒：本例题为练习编程所使用，绝对不能上机操作。

注：本例题对应《数控车床编程与操作》（第三版）（刘蔡保主编）第37页图3-26。

四、球头短轴零件

动画演示

1. 学习目的

① 思考球头部分和连续圆弧如何计算。

② 思考圆弧顺时针、逆时针的判断方法。

③ 熟练掌握通过起刀点和退刀点设置的方法。

④ 能迅速构建编程所使用的模型。

2. 加工图纸及要求

数控车削加工如图1.11所示的零件，编制其轮廓表面最后一刀加工的数控程序。

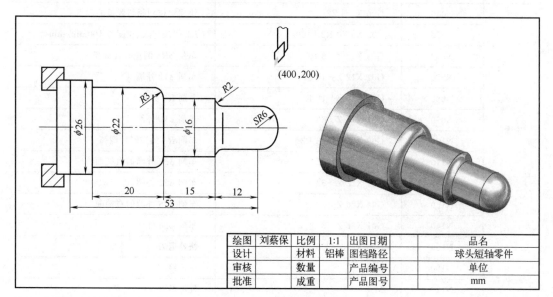

绘图	刘蔡保	比例	1:1	出图日期		品名	
设计		材料	铝棒	图档路径		球头短轴零件	
审核		数量		产品编号		单位	
批准		成重		产品图号		mm	

图1.11　球头短轴零件

3. 工艺分析和模型

（1）工艺分析

该零件表面由外圆柱面、球头、顺圆弧、逆圆弧等表面组成，零件图尺寸标注完整，符合数控加工尺寸标注要求；轮廓描述清楚完整；零件材料为铝棒，切削加工性能较好，无热处理和硬度要求。

（2）毛坯选择

零件材料为铝棒，$\phi 30mm$。

（3）刀具选择

刀具号	刀具规格名称	加工内容	刀具特征	备注
T0101	硬质合金35°外圆车刀	车轮廓		

（4）几何模型

本例题一次性装夹，由于是初学编程的例题，因此轮廓部分采用基本指令（G01、G02、G03）一次性完成，其加工路径的模型设计如图1.12所示。

（5）数学计算

本例题中工件尺寸和坐标值明确，球头部分可直接计算出来，可直接进行编程。

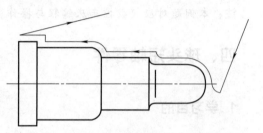

图1.12　几何模型和编程路径示意图

4. 数控程序的编制

	N010	M03 S800	主轴正转，800r/min
开始	N020	T0101	换01号外圆车刀
	N030	G98	指定走刀按照 mm/min 进给
轮廓	N040	G00 X−4 Z2	快速定位到相切圆弧的起点
	N050	G02 X0 Z0 R2 F100	R2圆弧切入，速度为100mm/min
	N060	G03 X12 Z−6 R6	车削SR6的逆时针圆弧
	N070	G01 X12 Z−16	车削ϕ12外圆
	N080	G02 X16 Z−18 R2	车削R2圆角
	N090	G01 X16 Z−33	车削ϕ16外圆
	N100	G03 X22 Z−36 R3	车削R3的逆时针圆弧
	N110	G01 X22 Z−33	车削ϕ22外圆的右端面
	N120	G01 X22 Z−53	车削ϕ22外圆
	N130	G01 X26 Z−53	车削ϕ26外圆的右端面
	N140	G01 X26 Z−59	车削ϕ26外圆
	N150	G00 X200 Z200	快速退刀
结束	N160	M05	主轴停
	N170	M30	程序结束

5. 刀具路径及切削验证

球头短轴零件刀具路径如图 1.13 所示。

6. 经验总结

① 以后遇到类似的球头工件，可以都采用 $R2$ 小圆弧切入。

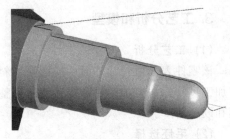

图 1.13　球头短轴零件刀具路径

② 球头零件不需要车端面。

③ 题目中有坐标要求时，必须按照题目要求编写刀具的位置

④ 特别提醒：本例题为练习编程所使用，绝对不能上机操作。

注：本例题对应《数控车床编程与操作》（第三版）（刘蔡保主编）第 39 页图 3-31。

五、复合形状短轴零件

1. 学习目的

① 思考等锥度的轮廓如何计算。

② 思考如何快速定位。

③ 熟练掌握通过复合轮廓粗车循环指令 G73 编程的方法。

④ 能迅速构建编程所使用的模型。

动画演示

2. 加工图纸及要求

如图 1.14 所示，编写出完整的程序，毛坯为 $\phi28mm$ 的铝件，退刀点为（200，200），最后割断。

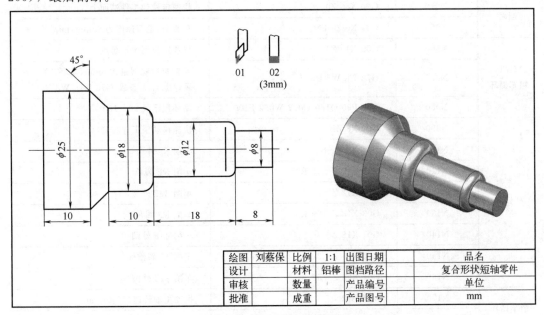

绘图	刘蔡保	比例	1:1	出图日期		品名	
设计		材料	铝棒	图档路径		复合形状短轴零件	
审核		数量		产品编号		单位	
批准		成重		产品图号		mm	

图 1.14　复合形状短轴零件

3. 工艺分析和模型

（1）工艺分析

该零件表面由外圆柱面、逆圆弧、斜锥面等表面组成，零件图尺寸标注完整，符合数控加工尺寸标注要求；轮廓描述清楚完整；零件材料为铝棒，切削加工性能较好，无热处理和硬度要求。

（2）毛坯选择

零件材料为铝棒，ϕ28mm。

（3）刀具选择

刀具号	刀具规格名称	加工内容	刀具特征	备注
T0101	硬质合金 35°外圆车刀	车轮廓		
T0202	切断刀（切槽刀）	切断	宽 3mm	

（4）几何模型

本例题一次性装夹，轮廓部分采用 G73 指令编程，其加工路径的模型设计如图 1.15 所示。

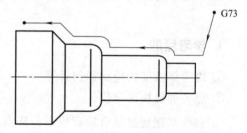

（5）数学计算

本例题中工件尺寸和坐标值明确，45°锥度计算不难，可直接进行编程。

4. 数控程序

图 1.15　几何模型和编程路径示意图

	N010	M03 S800	主轴正转，800r/min
开始	N020	T0101	换 01 号外圆车刀
	N030	G98	指定走刀按照 mm/min 进给
端面	N040	G00 X40 Z0	快速定位到工件端面上方
	N050	G01 X0 Z0 F80	车端面，走刀速度为 80mm/min
G73 粗车循环	N060	G00 X40 Z3	快速定位到循环起点
	N070	G73 U8 W3 R3	X 向每次吃刀量为 8mm，循环 3 次 理论上 G73 参数：G73 U16 W3 R6
	N080	G73 P90 Q160 U0.2 W0.2 F100	循环程序段 90～160
外轮廓	N090	G00 X8 Z1	快速移动至工件右侧
	N100	G01 X8 Z−8	车削 ϕ8 外圆
	N110	G03 X12 Z−10 R2	车削 R2 圆角
	N120	G01 X12 Z−26	车削 ϕ12 外圆
	N130	G03 X18 Z−29 R3	车削 R3 圆角
	N140	G01 X18 Z−36	车削 ϕ18 外圆
	N150	G01 X25 Z−39.5	车削 45°斜锥面
	N160	G01 X25 Z−52.5	车削 ϕ25 外圆
精车循环	N170	M03 S1200	提高主轴转速，1200r/min
	N180	G70 P90 Q160 F40	精车

	N190	G00 X200 Z200	快速退刀
切断	N200	T0202	换切断刀,即切槽刀
	N210	M03 S800	主轴正转,800r/min
	N220	G00 X40 Z−52.5	快速定位至切断处
	N230	G01 X0 F20	切断
	N240	G00 X200 Z200	快速退刀
结束	N250	M05	主轴停
	N260	M30	程序结束

5. 刀具路径及切削过程

复合形状短轴零件刀具路径如图 1.16 所示。

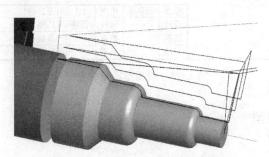

图 1.16 复合形状短轴零件刀具路径

6. 经验总结

① 实际编程中，G73 指令的参数必须进行优化，否则空刀太多，需要多试几次。

② 45°的锥度也可以用三角函数公式来直接表示，读者可以自行尝试。

③ 题目中有坐标要求时，必须按照题目要求编写刀具的位置。

注：本例题对应《数控车床编程与操作》（第三版）（刘蔡保主编）第 41 页图 3-34。

六、圆弧短轴复合零件

1. 学习目的

① 思考如何快速定位。

② 熟练掌握通过复合轮廓粗车循环指令 G73 编程的方法。

③ 能迅速构建编程所使用的模型。

动画演示

2. 加工图纸及要求

如图 1.17 所示，编写出完整的程序，毛坯为 ϕ19mm 的铝件，起刀点（200，200），最后割断。

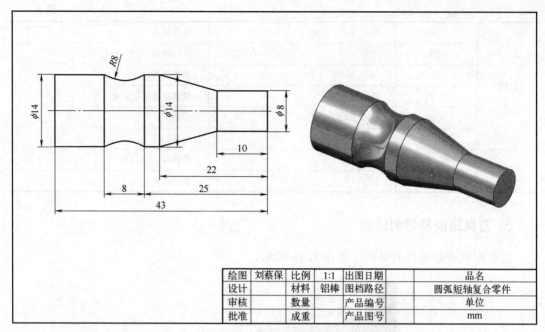

图 1.17　圆弧短轴复合零件

3. 工艺分析和模型

（1）工艺分析

该零件表面由外圆柱面、顺圆弧、斜锥面等表面组成，零件图尺寸标注完整，符合数控加工尺寸标注要求；轮廓描述清楚完整；零件材料为铝棒，切削加工性能较好，无热处理和硬度要求。

（2）毛坯选择

零件材料为铝棒，ϕ19mm。

（3）刀具选择

刀具号	刀具规格名称	加工内容	刀具特征	备注
T0101	硬质合金 35°外圆车刀	车端面及车轮廓		
T0202	切断刀（切槽刀）	切断	宽 3mm	

（4）几何模型

本例题一次性装夹，轮廓部分采用 G73 指令编程，其加工路径的模型设计如图 1.18 所示。

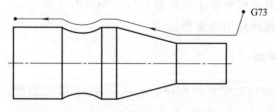

图 1.18　几何模型和编程路径示意图

（5）数学计算

本例题中工件尺寸和坐标值明确，可直接进行编程。

4. 数控程序

	N010	M03 S800	主轴正转,800r/min
开始	N020	T0101	换 01 号外圆车刀
	N030	G98	指定走刀按照 mm/min 进给
端面	N040	G00 X20 Z0	快速定位到工件端面上方
	N050	G01 X0 Z0 F80	车端面,走刀速度为 80mm/min
G73 粗车循环	N060	G00 X20 Z3	快速定位到循环起点
	N070	G73 U1.5 W3 R2	X 向每次吃刀量为 1.5mm,循环 2 次 理论上 G73 参数:G73 U6 W3 R2
	N080	G73 P90 Q140 U0.2 W0.2 F100	循环程序段 90～140
外轮廓	N090	G00 X8 Z1	快速移动至工件右侧
	N100	G01 X8 Z−10	车削 φ8 外圆
	N110	G01 X14 Z−22	车削斜锥面
	N120	G01 X14 Z−25	车削 φ14 外圆
	N130	G02 X14 Z−33 R8	车削 R8 顺时针圆弧
	N140	G01 X14 Z−46	车削 φ14 外圆
精车循环	N150	M03 S1200	提高主轴转速,1200r/min
	N160	G70 P90 Q140 F40	精车
切断	N170	G00 X200 Z200	快速退刀
	N180	T0202	换切断刀,即切槽刀
	N190	M03 S800	主轴正转,800r/min
	N200	G00 X20 Z−46	快速定位至切断处
	N210	G01 X0 F20	切断
	N220	G00 X200 Z200	快速退刀
结束	N230	M05	主轴停
	N240	M30	程序结束

5. 刀具路径及切削验证

圆弧短轴复合零件刀具路径如图 1.19 所示。

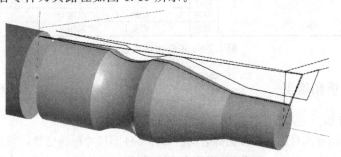

图 1.19　圆弧短轴复合零件刀具路径

6. 经验总结

① 实际编程中，G73 指令的参数必须进行优化，否则空刀太多，需要多试几次。

② 注意切断时主轴转速和切断速度的调整。

③ 题目中有坐标要求时，必须按照题目要求编写刀具的位置

注：本例题对应《数控车床编程与操作》（第三版）（刘蔡保主编）第 41 页图 3-35。

七、锥面短轴复合零件

1. 学习目的

① 思考锥度的轮廓如何计算。

② 思考如何快速定位。

③ 熟练掌握通过复合轮廓粗车循环指令 G73 编程的方法。

④ 能迅速构建编程所使用的模型。

动画演示

2. 加工图纸及要求

如图 1.20 所示，编写出完整的程序，毛坯为 φ25mm 的铝件，起刀点（200，200），最后割断。

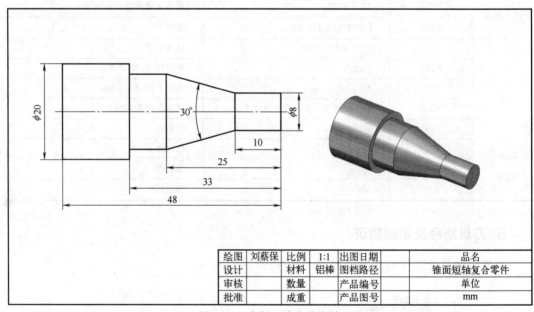

绘图	刘蔡保	比例	1:1	出图日期		品名	
设计		材料	铝棒	图档路径		锥面短轴复合零件	
审核		数量		产品编号		单位	
批准		成重		产品图号		mm	

图 1.20 多斜面球头阶台轴

3. 工艺分析和模型

(1) 工艺分析

该零件表面由外圆柱面、斜锥面等表面组成，零件图尺寸标注完整，符合数控加工尺寸标注要求；轮廓描述清楚完整；零件材料为铝棒，切削加工性能较好，无热处理和硬度要求。

（2）毛坯选择

零件材料为铝棒，$\phi 25mm$。

（3）刀具选择

刀具号	刀具规格名称	加工内容	刀具特征	备注
T0101	硬质合金35°外圆车刀	车端面及车轮廓		
T0202	切断刀（切槽刀）	切槽和切断	宽3mm	

（4）几何模型

本例题一次性装夹，轮廓部分采用G73指令编程，其加工路径的模型设计如图1.21所示。

（5）数学计算

本例题中工件尺寸和坐标值明确，通过三角函数计算出30°角度处的直径后，可直接进行编程如图1.22所示。

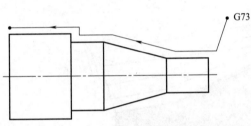

图1.21　几何模型和编程路径示意图

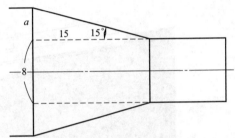

图1.22　通过三角函数计算出 a 值

4. 数控程序

	N010	M03 S800	主轴正转,800r/min
开始	N020	T0101	换01号外圆车刀
	N030	G98	指定走刀按照mm/min进给
端面	N040	G00 X25 Z0	快速定位至工件端面上方
	N050	G01 X0 Z0 F80	车端面,走刀速度为80mm/min
	N060	G00 X25 Z3	快速定位到循环起点
G73 粗车循环	N070	G73 U5 W3 R2	X向每次吃刀量为5mm,循环2次 理论上G73参数:G73 U8.5 W3 R3
	N080	G73 P90 Q140 U0.2 W0.2 F100	循环程序段90～140
	N090	G00 X8 Z1	快速移动至工件右侧
	N100	G01 X8 Z−10	车削$\phi 8$外圆
	N110	G01 X16.038 Z−25	车削斜锥面
外轮廓	N120	G01 X16.038 Z−33	车削$\phi 16.038$外圆
	N130	G01 X20 Z−33	车削$\phi 20$外圆的右端面
	N140	G01 X20 Z−51	车削$\phi 20$外圆
精车循环	N150	M03 S1200	提高主轴转速,1200r/min
	N160	G70 P90 Q140 F40	精车

	N170	G00 X200 Z200	快速退刀
切断	N180	T0202	换切断刀,即切槽刀
	N190	M03 S800	主轴正转,800r/min
	N200	G00 X26 Z−51	快速定位至切断处
	N210	G01 X0 F20	切断
	N220	G00 X200 Z200	快速退刀
结束	N230	M05	主轴停
	N240	M30	程序结束

5. 刀具路径及切削验证

锥面短轴复合零件刀具路径如图 1.23 所示。

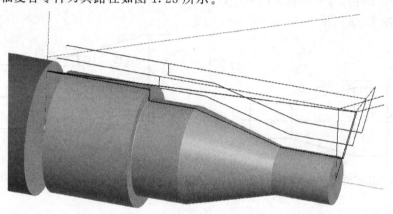

图 1.23　锥面短轴复合零件刀具路径

6. 经验总结

① 实际编程中，G73 指令的参数必须进行优化，否则空刀太多，需要多试几次。

② 注意切断时主轴转速和切断速度的调整。

③ 题目中有坐标要求时，必须按照题目要求编写刀具的位置。

注：本例题对应《数控车床编程与操作》（第三版）（刘蔡保主编）第 41 页图 3-36。

八、双锥面短轴复合零件

1. 学习目的

① 思考倒角部分如何编程。

② 熟练掌握通过复合轮廓粗车循环指令 G73 编程的方法。

③ 能迅速构建编程所使用的模型。

动画演示

2. 加工图纸及要求

如图 1.24 所示，编写零件的加工程序，毛坯为 ϕ18mm 的铝件。

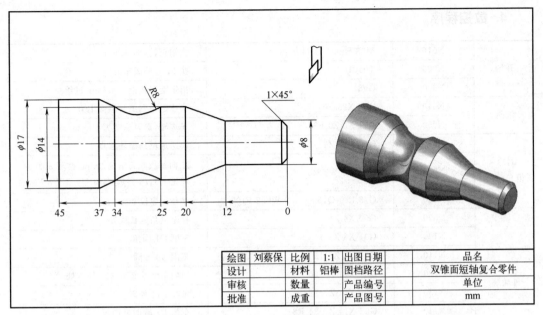

绘图	刘蔡保	比例	1:1	出图日期		品名
设计		材料	铝棒	图档路径		双锥面短轴复合零件
审核		数量		产品编号		单位
批准		成重		产品图号		mm

图 1.24 双锥面短轴复合零件

3. 工艺分析和模型

(1) 工艺分析

该零件表面由外圆柱面、顺圆弧、倒角、斜锥面等表面组成，零件图尺寸标注完整，符合数控加工尺寸标注要求；轮廓描述清楚完整；零件材料为铝棒，切削加工性能较好，无热处理和硬度要求。

(2) 毛坯选择

零件材料为铝棒，$\phi 18$mm。

(3) 刀具选择

刀具号	刀具规格名称	加工内容	刀具特征	备注
T0101	硬质合金 35°外圆车刀	车端面及车轮廓		
T0202	切断刀（切槽刀）	切槽和切断	宽 3mm	

(4) 几何模型

本例题一次性装夹，轮廓部分采用 G73 指令编程，其加工路径的模型设计如图 1.25 所示。

(5) 数学计算

本例题中工件尺寸和坐标值明确，可直接进行编程，如图 1.26 所示。

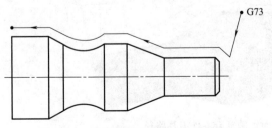

图 1.25 几何模型和编程路径示意图

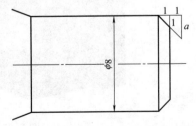

图 1.26 通过三角函数关系求出 a 值

4. 数控程序

开始	N010	M03 S800	主轴正转,800r/min
	N020	T0101	换 01 号外圆车刀
	N030	G98	指定走刀按照 mm/min 进给
端面	N040	G00 X25 Z0	快速定位到工件端面上方
	N050	G01 X0 Z0 F80	车端面,走刀速度为 80mm/min
G73 粗车循环	N060	G00 X25 Z3	快速定位到循环起点
	N070	G73 U3 W3 R3	X 向每次吃刀量为 3mm,循环 3 次 理论上 G73 参数:G73 U8.5 W3 R3
	N080	G73 P90 Q160 U0.2 W0.2 F100	循环程序段 90～160
外轮廓	N090	G00 X4 Z1	移至倒角延长线处
	N100	G01 X8 Z−1	车削 C1 倒角
	N110	G01 X8 Z−12	车削 φ8 外圆
	N120	G01 X14 Z−20	斜向车削锥面至 φ14 外圆处
	N130	G01 X14 Z−25	车削 φ14 外圆
	N140	G02 X14 Z−34 R8	车削 R8 顺时针圆弧
	N150	G01 X17 Z−37	斜向车削锥面至 φ17 外圆处
	N160	G01 X17 Z−48	车削 φ17 外圆
精车循环	N170	M03 S1200	提高主轴转速,1200r/min
	N180	G70 P90 Q160 F40	精车
切断	N190	G00 X200 Z200	快速退刀
	N200	T0202	换切断刀,即切槽刀
	N210	M03 S800	主轴正转,800r/min
	N220	G00 X25 Z−48	快速定位至切断处
	N230	G01 X0 F20	切断
	N240	G00 X200 Z200	快速退刀
结束	N250	M05	主轴停
	N260	M30	程序结束

5. 刀具路径及切削验证

双锥面短轴复合零件刀具路径如图 1.27 所示。

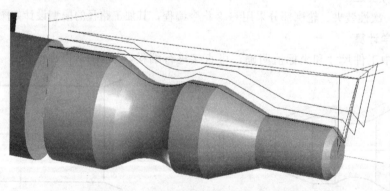

图 1.27　双锥面短轴复合零件刀具路径

6. 经验总结

① 实际编程中，G73 指令的参数必须进行优化，否则空刀太多，需要多试几次。

② G73 指令循环遇到倒角时，一般首先采用 G00 指令快速定位至倒角延长线。

③ 注意切断时主轴转速和切断速度的调整。

注：本例题对应《数控车床编程与操作》（第三版）（刘蔡保主编）第 43 页图 3-40。

九、球头细腰短轴零件

动画演示

1. 学习目的

① 思考 $SR8$ 球体部分如何计算。

② 学会通过三角函数或勾股定理计算加工位置的坐标点。

③ 思考循环起点的设置，吃刀量和循环次数的配合优化。

④ 熟练掌握通过复合轮廓粗车循环指令 G73 编程的方法。

⑤ 能迅速构建编程所使用的模型。

2. 加工图纸及要求

数控车削加工如图 1.28 所示的零件，编制加工数控程序。

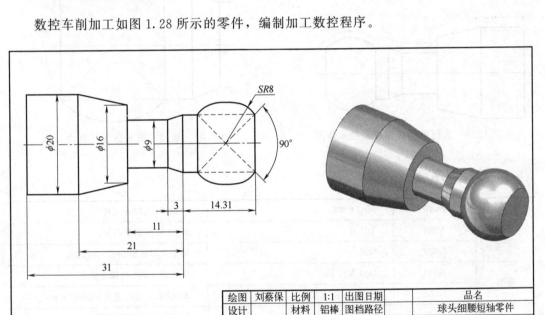

绘图	刘蔡保	比例	1:1	出图日期		品名
设计		材料	铝棒	图档路径		球头细腰短轴零件
审核		数量		产品编号		单位
批准		成重		产品图号		mm

图 1.28　多球头细腰短轴零件

3. 工艺分析和模型

(1) 工艺分析

该零件表面由外圆柱面、逆圆弧、斜锥面等表面组成，零件图尺寸标注完整，符合数控加工尺寸标注要求；轮廓描述清楚完整；零件材料为铝棒，切削加工性能较好，无热处理和硬度要求。

（2）毛坯选择

零件材料为铝棒，$\phi 22mm$。

（3）刀具选择

刀具号	刀具规格名称	加工内容	刀具特征	备注
T0101	硬质合金 35°外圆车刀	车端面及车轮廓		
T0202	切断刀（切槽刀）	切断	宽 3mm	

（4）几何模型

本例题一次性装夹，轮廓部分采用 G73 指令编程，其加工路径的模型设计如图 1.29 所示。

（5）数学计算

本例题需要计算圆弧的坐标值（图 1.30），可采用三角函数、勾股定理等几何知识计算，也可使用计算机制图软件（如 AutoCAD、UG、Mastercam、SolidWorks 等）的标注方法来计算。

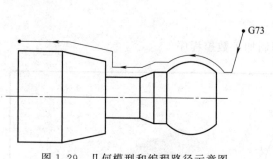

图 1.29　几何模型和编程路径示意图

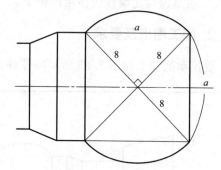

图 1.30　通过三角函数等计算出 a 值

4. 数控程序

	N010	M03 S800	主轴正转，800r/min
开始	N020	T0101	换 01 号外圆车刀
	N030	G98	指定走刀按照 mm/min 进给
端面	N040	G00 X25 Z0	快速定位到工件端面上方
	N050	G01 X0 Z0 F80	车端面，走刀速度为 80mm/min
G73 粗车循环	N060	G00 X25 Z3	快速定位到循环起点
	N070	G73 U8.5 W1 R3	X 向总每次吃刀量为 8.5mm，循环 3 次 理论上 G73 参数：G73 U8.5 W3 R3
	N080	G73 P90 Q170 U0.2 W0.2 F100	循环程序段 90～170
外轮廓	N090	G00 X11.314 Z2	移至工件右侧
	N100	G01 X11.314 Z0	接触工件
	N110	G03 X11.314 Z−11.314 R8	车削 $SR8$ 逆时针圆弧
	N120	G01 X11.314 Z−14.31	车削 $\phi 11.314$ 外圆

	N130	G01 X9 Z−17.31	斜向车削锥面至φ9外圆处
外轮廓	N140	G01 X9 Z−25.31	车削φ9外圆
	N150	G01 X16 Z−25.31	车削φ20外圆的右端面
	N160	G01 X20 Z−35.31	斜向车削锥面至φ20外圆处
	N170	G01 X20 Z−48.31	车削φ20外圆
精车循环	N180	M03 S1200	提高主轴转速,1200r/min
	N190	G70 P90 Q170 F40	精车
	N200	G00 X200 Z200	快速退刀
	N210	T0202	换切断刀,即切槽刀
切断	N220	M03 S800	主轴正转,800r/min
	N230	G00 X25 Z−48.31	快速定位至切断处
	N240	G01 X0 F20	切断
	N250	G00 X200 Z200	快速退刀
结束	N260	M05	主轴停
	N270	M30	程序结束

5. 刀具路径及切削验证

球头细腰短轴零件刀具路径如图 1.31 所示。

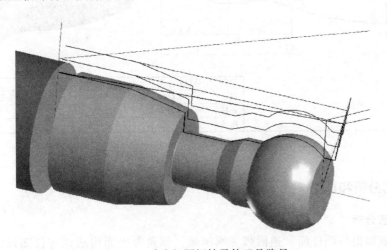

图 1.31　球头细腰短轴零件刀具路径

6. 经验总结

① 本例题中，除了需要考虑切削的最低点问题，还要对 G73 的参数进行优化，否则空刀太多，需要多试几次。

② 注意第 1 步不要接触工件，用 G00 指令快速移动到工件右侧。

③ 注意切断时主轴转速和切断速度的调整。

注：本例题对应《数控车床编程与操作》（第三版）（刘蔡保主编）第 43 页图 3-41。

十、球头圆弧轴零件

动画演示

1. 学习目的

① 思考球头体部分如何编程。
② 学会通过三角函数或勾股定理计算位置的坐标点。
③ 思考循环起点的设置，吃刀量和循环次数的配合优化。
④ 熟练掌握通过复合轮廓粗车循环指令 G73 编程的方法。
⑤ 能迅速构建编程所使用的模型。

2. 加工图纸及要求

如图 1.32 所示，编写零件的加工程序，材料为 $\phi18mm$ 的铝合金棒料。

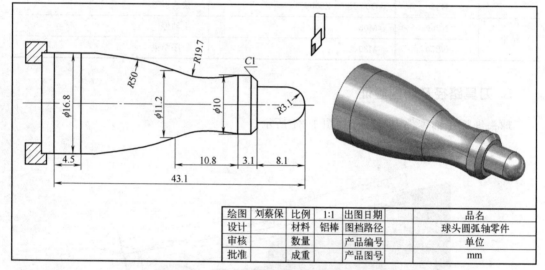

绘图	刘蔡保	比例	1:1	出图日期		品名	
设计		材料	铝棒	图档路径		球头圆弧轴零件	
审核		数量		产品编号		单位	
批准		成重		产品图号		mm	

图 1.32 球头圆弧轴零件

3. 工艺分析和模型

(1) 工艺分析

该零件表面由外圆柱面、逆圆弧、顺圆弧、倒角等表面组成，零件图尺寸标注完整，符合数控加工尺寸标注要求；轮廓描述清楚完整；零件材料为铝棒，切削加工性能较好，无热处理和硬度要求。

(2) 毛坯选择

零件材料为铝棒，$\phi18mm$。

(3) 刀具选择

刀具号	刀具规格名称	加工内容	刀具特征	备注
T0101	硬质合金 35°外圆车刀	车端面及车轮廓		
T0202	切断刀（切槽刀）	切槽和切断	宽 3mm	

数控车床编程练习指导与提高

（4）几何模型

本例题一次性装夹，轮廓部分采用 G73 指令编程，其加工路径的模型设计如图 1.33 所示。

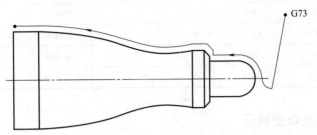

图 1.33　几何模型和编程路径示意图

（5）数学计算

本例题需要计算圆弧的坐标值，可采用三角函数、勾股定理等几何知识计算，也可使用计算机制图软件（如 AutoCAD、UG、Mastercam、SolidWorks 等）的标注方法来计算。

4. 数控程序

	N010	M03 S800	主轴正转，800r/min
开始	N020	T0101	换 01 号外圆车刀
	N030	G98	指定走刀按照 mm/min 进给
端面	N040	G00 X25 Z0	快速定位到工件端面上方
	N050	G01 X0 Z0 F80	车端面，走刀速度为 80mm/min
G73 粗车循环	N060	G00 X25 Z3	快速定位到循环起点
	N070	G73 U4 W3 R3	X 向每次吃刀量为 4mm，循环 3 次 理论上 G73 参数：G73 U12.5 W3 R4
	N080	G73 P90 Q180 U0.2 W0.2 F100	循环程序段 90～180
外轮廓	N090	G00 X−4 Z2	快速定位到相切圆弧的起点
	N100	G02 X0 Z0 R2 F100	R2 圆弧切入，速度为 100mm/min
	N110	G03 X6.2 Z−3.1 R3.1	车削 R3.1 的逆时针圆弧
	N120	G01 X6.2 Z−8.1	车削 ϕ6.2 外圆
	N130	G01 X8 Z−8.1	车削 ϕ10 外圆的右端面
	N140	G01 X10 Z−9.1	车削 C1 倒角
	N150	G01 X10 Z−11.2	车削 ϕ10 外圆
	N160	G02 X11.2 Z−22.109 R19.7	车削 R19.7 顺时针圆弧
	N170	G03 X16.8 Z−38.6 R50	车削 R50 逆时针圆弧
	N180	G01 X16.8 Z−46.1	车削 ϕ16.8 外圆
精车循环	N190	M03 S1200	提高主轴转速，1200r/min
	N200	G70 P90 Q180 F40	精车
切断	N210	G00 X200 Z200	快速退刀
	N220	T0202	换切断刀，即切槽刀

	N230	M03 S800	主轴正转，800r/min
切断	N240	G00 X25 Z−46.1	快速定位至切断处
	N250	G01 X0 F20	切断
	N260	G00 X200 Z200	快速退刀
结束	N270	M05	主轴停
	N280	M30	程序结束

5. 刀具路径及切削验证

球头圆弧轴零件刀具路径如图 1.34 所示。

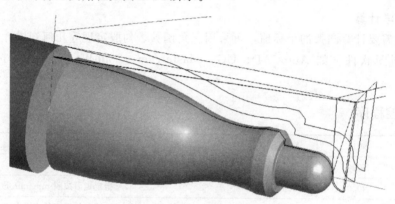

图 1.34　球头圆弧轴零件刀具路径

6. 经验总结

① 球头零件不需要车端面。

② 本例题中，考虑切削的最低点为 X0，可以理解最小的直径不可能为负值。

③ G73 指令的参数需要进行优化，否则空刀太多，需要多试几次。

④ 以后遇到类似的球头工件，可以都采用 $R2$ 的小圆弧切入。

⑤ 注意切断时主轴转速和切断速度的调整。

注：本例题对应《数控车床编程与操作》（第三版）（刘蔡保主编）第 45 页图 3-44。

十一、球头圆弧定位轴零件

动画演示

1. 学习目的

① 思考球头体部分如何编程。

② 学会通过三角函数或勾股定理计算位置的坐标点。

③ 思考循环起点的设置，吃刀量和循环次数的配合优化。

④ 熟练掌握通过复合轮廓粗车循环指令 G73 编程的方法。

⑤ 能迅速构建编程所使用的模型。

2. 加工图纸及要求

数控车削加工如图 1.35 所示的零件，编制其加工的数控程序。

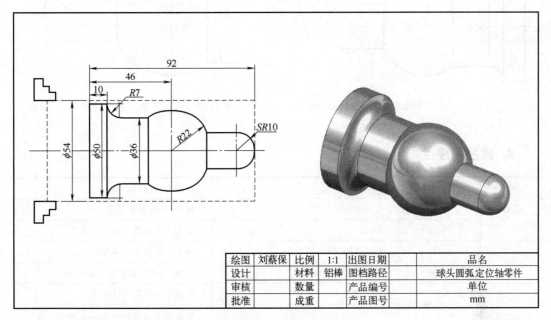

绘图	刘蔡保	比例	1:1	出图日期		品名
设计		材料	铝棒	图档路径		球头圆弧定位轴零件
审核		数量		产品编号		单位
批准		成重		产品图号		mm

图 1.35　球头圆弧定位轴零件

3. 工艺分析和模型

（1）工艺分析

该零件表面由外圆柱面、顺圆弧、逆圆弧、球头等表面组成，零件图尺寸标注完整，符合数控加工尺寸标注要求；轮廓描述清楚完整；零件材料为铝棒，切削加工性能较好，无热处理和硬度要求。

（2）毛坯选择

零件材料为铝棒，ϕ54mm 棒料。

（3）刀具选择

刀具号	刀具规格名称	加工内容	刀具特征	备注
T0101	硬质合金 35°外圆车刀	车端面及车轮廓		
T0202	切断刀（切槽刀）	切断	宽 3mm	

（4）几何模型

本例题一次性装夹，轮廓部分采用 G73 的循环编程，其加工路径的模型设计如图 1.36 所示。

（5）数学计算

本例题需要计算圆弧的坐标值和锥面关键点的坐标值，可采用三角函数、勾股定理等几何知识计算（图 1.37），也可使用计算机制图软件（如 AutoCAD、UG、Mastercam、SolidWorks 等）的标注方法来计算。

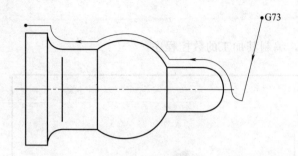

图 1.36　几何模型和编程路径示意图

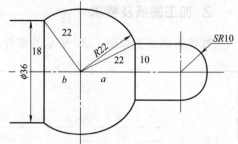

图 1.37　通过三角函数等计算出 a、b 值

4. 数控程序

	N010	M03 S800	主轴正转，800r/min
开始	N020	T0101	换 01 号外圆车刀
	N030	G98	指定走刀按照 mm/min 进给
端面	N040	G00 X55 Z0	快速定位到工件端面上方
	N050	G01 X0 Z0 F80	车端面，走刀速度为 80mm/min
G73 粗车循环	N060	G00 X55 Z3	快速定位到循环起点
	N070	G73 U14 W3 R4	X 向每次吃刀量为 14mm，循环 4 次 理论上 G73 参数：G73 U22.5 W3 R7
	N080	G73 P90 Q160 U0.2 W0.2 F100	循环程序段 90～160
外轮廓	N090	G00 X−4 Z2	快速定位到相切圆弧的起点
	N100	G02 X0 Z0 R2 F100	$R2$ 圆弧切入，速度为 100mm/min
	N110	G03 X20 Z−10 R10	车削 $SR10$ 逆时针圆弧
	N120	G01 X20 Z−26.404	车削 $\phi20$ 外圆
	N130	G03 X36 Z−58.640 R22	车削 $R22$ 逆时针圆弧
	N140	G01 X36 Z−75	车削 $\phi36$ 外圆
	N150	G02 X50 Z−82 R7	车削 $R7$ 顺时针圆弧
	N160	G01 X50 Z−95	车削 $\phi54$ 外圆
精车循环	N170	M03 S1200	提高主轴转速，1200r/min
	N180	G70 P90 Q160 F40	精车
切断	N190	G00 X200 Z200	快速退刀
	N200	T0202	换切断刀，即切槽刀
	N210	M03 S800	主轴正转，800r/min
	N220	G00 X55 Z−95	快速定位至切断处
	N230	G01 X0 F20	切断
	N240	G00 X200 Z200	快速退刀
结束	N250	M05	主轴停
	N260	M30	程序结束

5. 刀具路径及切削验证

球头圆弧定位轴零件刀具路径如图 1.38 所示。

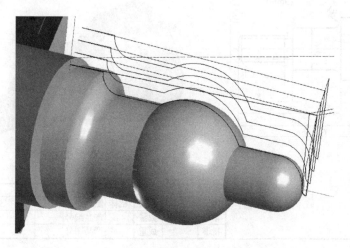

图 1.38　球头圆弧定位轴零件刀具路径

6. 经验总结

① 球头零件不需要车端面。

② 本例题中，考虑切削的最低点为 X0。

③ G73 的参数需要进行优化，否则空刀太多，需要多试几次。

④ 注意计算圆弧的相关坐标。

⑤ 注意切断时主轴转速和切断速度的调整。

注：本例题对应《数控车床编程与操作》(第三版)(刘蔡保主编)第 45 页图 3-45。

十二、G32 指令加工螺纹短轴零件

1. 学习目的

动画演示

① 思考倒角部分如何编程。

② 思考循环起点的设置，吃刀量和循环次数的配合优化。

③ 熟练掌握通过复合轮廓粗车循环指令 G73 编程的方法。

④ 掌握加工螺纹退刀槽的编程方法。

⑤ 掌握加工螺纹的编程方法。

⑥ 能迅速构建编程所使用的模型。

2. 加工图纸及要求

数控车削如图 1.39 所示工件，编写出完整的程序，毛坯为 ϕ35mm 的铝件，起刀点
(200，200)。

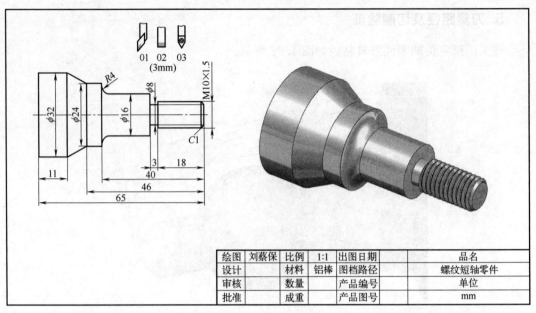

图 1.39 螺纹短轴零件

3. 工艺分析和模型

(1) 工艺分析

该零件表面由外圆柱面、顺圆弧、斜锥面、槽、螺纹等表面组成，零件图尺寸标注完整，符合数控加工尺寸标注要求；轮廓描述清楚完整；零件材料为铝棒，切削加工性能较好，无热处理和硬度要求。

(2) 毛坯选择

零件材料为铝棒，ϕ35mm。

(3) 刀具选择

刀具号	刀具规格名称	加工内容	刀具特征	备注
T0101	硬质合金 35°外圆车刀	车端面及车轮廓		
T0202	切断刀（切槽刀）	切槽和切断	宽 3mm	
T0303	螺纹刀	外螺纹	60°牙型	

(4) 几何模型

本例题一次性装夹，轮廓部分采用 G73 指令编程，其加工路径的模型设计如图 1.40 所示。

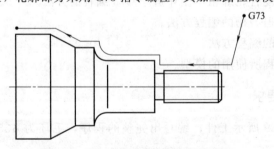

图 1.40 几何模型和编程路径示意图

（5）数学计算

本例题工件尺寸和坐标值明确，可直接进行编程。

4. 数控程序

	N010	M03 S800	主轴正转，800r/min
开始	N020	T0101	换 01 号外圆车刀
	N030	G98	指定走刀按照 mm/min 进给
端面	N040	G00 X40 Z0	快速定位到工件端面上方
	N050	G01 X0 Z0 F80	车端面，走刀速度为 80mm/min
G73 粗车循环	N060	G00 X40 Z3	快速定位到循环起点
	N070	G73 U6 W3 R3	X 向每次吃刀量为 6mm，循环 3 次 理论上 G73 参数：G73 U15 W3 R5
	N080	G73 P90 Q160 U0.2 W0.2 F100	循环程序段 90～160
外轮廓	N090	G00 X10 Z1	快速定位到工件右侧
	N100	G01 X10 Z−21	车削 φ10 外圆
	N110	G01 X16 Z−21	车削 φ16 外圆右端面
	N120	G01 X16 Z−36	车削 φ16 外圆
	N130	G02 X24 Z−40 R4	车削 R4 圆角
	N140	G01 X24 Z−46	车削 φ24 外圆
	N150	G01 X32 Z−54	斜向车削至 φ32 外圆处
	N160	G01 X32 Z−68	车削 φ32 外圆
精车循环	N170	M03 S1200	提高主轴转速，1200r/min
	N180	G70 P90 Q160 F40	精车
倒角	N190	M03 S800	主轴正转，800r/min
	N200	G00 X6 Z1	定位到倒角延长线处
	N210	G01 X10 Z−1 F80	车削 C1 倒角
	N220	G00 X200 Z200	快速退刀
螺纹退刀槽	N230	T0202	换切断刀，即切槽刀
	N240	M03 S800	主轴正转，800r/min
	N250	G00 X12 Z−19	快速接近退刀槽上方
	N260	G01 X12 Z−21 F80	进给至退刀槽上方
	N270	G01 X8 Z−21 F20	切削退刀槽
	N280	G00 X20 Z−21	抬刀
	N290	G00 X200 Z200	快速退刀
G32 攻螺纹	N300	T0303	换 03 号螺纹刀
	N310	G00 X9 Z3	定位到螺纹开始处
	N320	G32 X9 Z−19 F1.5	第 1 刀攻螺纹
	N330	G00 X13 Z−19	抬刀
	N340	G00 X13 Z3	定位到螺纹上方
	N350	G00 X8.6 Z3	定位到螺纹开始处

	N360	G32 X8.6 Z-19 F1.5	第2刀攻螺纹
	N370	G00 X13 Z-19	抬刀
	N380	G00 X13 Z3	定位到螺纹上方
G32 攻螺纹	N390	G00 X8.3395 Z3	定位到螺纹开始处
	N400	G32 X8.3395 Z-19 F1.5	第3刀攻螺纹
	N410	G00 X20	抬刀
	N420	G00 X200 Z200	快速退刀
	N430	T0202	换切断刀,即切槽刀
	N440	M03 S800	主轴正转,800r/min
切断	N450	G00 X40 Z-68	快速定位至切断处
	N460	G01 X0 F20	切断
	N470	G00 X200 Z200	快速退刀
结束	N480	M05	主轴停
	N490	M30	程序结束

5. 刀具路径及切削验证

螺纹短轴零件刀具路径如图1.41所示。

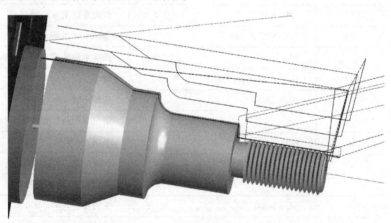

图 1.41　螺纹短轴零件刀具路径

6. 经验总结

① 实际编程中,G73指令的参数必须进行优化,否则空刀太多,需要多试几次。

② 把头部倒角单独进行编程,可缩短加工时间。

③ 用G32指令车削螺纹时,下刀、车螺纹、抬刀、定位的每一步都不能省略,十分烦琐,必须仔细对待。

④ 螺纹退刀槽和切断的参数可以完全一样。

⑤ 题目中有坐标要求时,必须按照题目要求编写刀具的位置。

注:本例题对应《数控车床编程与操作》(第三版)(刘蔡保主编)第48页图3-54。

十三、G92 指令加工螺纹短轴零件

动画演示

1. 学习目的

① 思考倒角部分如何编程。
② 思考循环起点的设置，吃刀量和循环次数的配合优化。
③ 熟练掌握通过复合轮廓粗车循环 G73 指令编程的方法。
④ 掌握加工螺纹退刀槽的编程方法。
⑤ 掌握加工螺纹的编程方法。
⑥ 能迅速构建编程所使用的模型。

2. 加工图纸及要求

数控车削如图 1.42 所示工件，编写出完整的程序，毛坯为 $\phi35mm$ 的铝件，起刀点（200，200）。

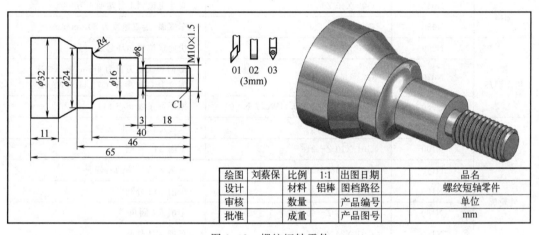

绘图	刘蔡保	比例	1:1	出图日期		品名	
设计		材料	铝棒	图档路径		螺纹短轴零件	
审核		数量		产品编号		单位	
批准		成重		产品图号		mm	

图 1.42　螺纹短轴零件

3. 工艺分析和模型

(1) 工艺分析

该零件表面由外圆柱面、顺圆弧、斜锥面、槽、螺纹等表面组成，零件图尺寸标注完整，符合数控加工尺寸标注要求；轮廓描述清楚完整；零件材料为铝棒，切削加工性能较好，无热处理和硬度要求。

(2) 毛坯选择

零件材料为铝棒，$\phi35mm$。

(3) 刀具选择

刀具号	刀具规格名称	加工内容	刀具特征	备注
T0101	硬质合金 35°外圆车刀	车端面及车轮廓		
T0202	切断刀（切槽刀）	切槽和切断	宽 3mm	
T0303	螺纹刀	外螺纹	60°牙型	

（4）几何模型

本例题一次性装夹，轮廓部分采用 G73 指令编程，其加工路径的模型设计如图 1.43 所示。

（5）数学计算

本例题需要计算圆弧的坐标值，可采用三角函数、勾股定理等几何知识计算，也可使用计算机制图软件（如 AutoCAD、UG、Mastercam、SolidWorks 等）的标注方法来计算。

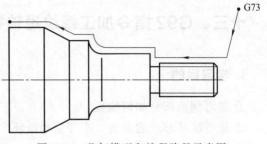

图 1.43　几何模型和编程路径示意图

4. 数控程序

	N010	M03 S800	主轴正转，800r/min
开始	N020	T0101	换 01 号外圆车刀
	N030	G98	指定走刀按照 mm/min 进给
端面	N040	G00 X40 Z0	快速定位到工件端面上方
	N050	G01 X0 Z0 F80	车端面，走刀速度为 80mm/min
G73 粗车循环	N060	G00 X40Z3	快速定位到循环起点
	N070	G73 U6 W3 R3	X 向每次吃刀量为 6mm，循环 3 次 理论上 G73 参数：G73 U15 W3 R5
	N080	G73 P90 Q160 U0.2 W0.2 F100	循环程序段 90～160
外轮廓	N090	G00 X10 Z1	快速定位到工件右侧
	N100	G01 X10 Z−21	车削 φ10 外圆
	N110	G01 X16 Z−21	车削 φ16 外圆的右端面
	N120	G01 X16 Z−36	车削 φ16 外圆
	N130	G02 X24 Z−40 R4	车削 R4 圆角
	N140	G01 X24 Z−46	车削 φ24 外圆
	N150	G01 X32 Z−54	斜向车削至 φ32 外圆处
	N160	G01 X32 Z−68	车削 φ32 外圆
精车循环	N170	M03 S1200	提高主轴转速，1200r/min
	N180	G70 P90 Q160 F40	精车
倒角	N190	M03 S800	主轴正转，800r/min
	N200	G00 X6 Z1	定位到倒角延长线处
	N210	G01 X10 Z−1 F80	车削 C1 倒角
	N220	G00 X200 Z200	快速退刀
螺纹退刀槽	N230	T0202	换切断刀，即切槽刀
	N240	M03 S800	主轴正转，800r/min
	N250	G00 X12 Z−19	快速接近退刀槽上方
	N260	G01 X12 Z−21 F80	进给至退刀槽上方
	N270	G01 X8 Z−21 F20	切削退刀槽

	N280	G00 X20 Z−21	抬刀
螺纹退刀槽	N290	G00 X200 Z200	快速退刀
G92 攻螺纹	N300	T0303	换 03 号螺纹刀
	N310	G00 X12 Z3	定位到螺纹开始处
	N320	G92 X9 Z−19 F1.5	第 1 刀攻螺纹
	N330	X8.6	第 2 刀攻螺纹
	N340	X8.3395	第 3 刀攻螺纹
	N350	G00 X20	抬刀
	N360	G00 X200 Z200	快速退刀
切断	N370	T0202	换切断刀,即切槽刀
	N380	M03 S800	主轴正转,800r/min
	N390	G00 X40 Z−68	快速定位至切断处
	N400	G01 X0 F20	切断
	N410	G00 X200 Z200	快速退刀
结束	N420	M05	主轴停
	N430	M30	程序结束

5. 刀具路径及切削验证

螺纹短轴零件刀具路径如图 1.44 所示。

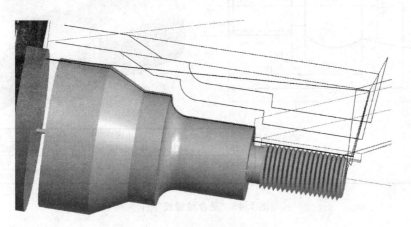

图 1.44　螺纹短轴零件刀具路径

6. 经验总结

① 实际编程中,G73 指令的参数必须进行优化,否则空刀太多,需要多试几次。

② 把头部倒角单独进行编程,可缩短加工时间。

③ G92、Z 坐标值和 F 螺距都是模态码,因此可以省略,这样螺纹程序就显得简单很多,也方便检查。

④ 螺纹退刀槽和切断的参数可以完全一样。

⑤ 题目中有坐标要求时，必须按照题目要求编写刀具的位置。

注：本例题对应《数控车床编程与操作》（第三版）（刘蔡保主编）第 51 页图 3-59。

十四、复合轴螺纹零件

动画演示

1. 学习目的

① 思考倒角部分如何编程。
② 思考循环起点的设置，吃刀量和循环次数的配合优化。
③ 熟练掌握通过复合轮廓粗车循环指令 G73 编程的方法。
④ 掌握加工螺纹退刀槽的编程方法。
⑤ 掌握加工螺纹的编程方法。
⑥ 能迅速构建编程所使用的模型。

2. 加工图纸及要求

数控车削如图 1.45 所示工件，编写出完整的程序，毛坯为 ϕ25mm 的铝件，起刀点（200，200）。

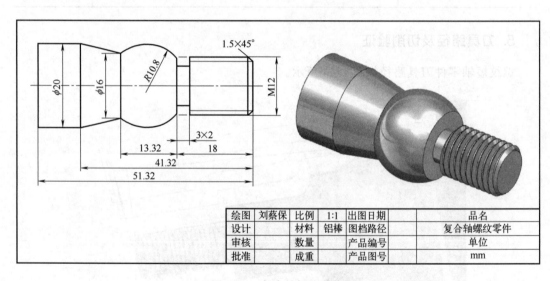

绘图	刘蔡保	比例	1:1	出图日期		品名	
设计		材料	铝棒	图档路径		复合轴螺纹零件	
审核		数量		产品编号		单位	
批准		成重		产品图号		mm	

图 1.45　复合轴螺纹零件

3. 工艺分析和模型

(1) 工艺分析

该零件表面由外圆柱面、逆圆弧、斜锥面、槽、螺纹等表面组成，零件图尺寸标注完整，符合数控加工尺寸标注要求；轮廓描述清楚完整；零件材料为铝棒，切削加工性能较好，无热处理和硬度要求。

(2) 毛坯选择

零件材料为铝棒，ϕ25mm。

(3) 刀具选择

刀具号	刀具规格名称	加工内容	刀具特征	备注
T0101	硬质合金35°外圆车刀	车端面及车轮廓		
T0202	切断刀（切槽刀）	切槽和切断	宽3mm	
T0303	螺纹刀	外螺纹	60°牙型	

(4) 几何模型

本例题一次性装夹，轮廓部分采用 G73 指令编程，其加工路径的模型设计如图 1.46 所示。

(5) 数学计算

查询 GB/T 196—2003《普通螺纹 基本尺寸》，得出 M12 螺纹第一系列螺距为 1.75mm。

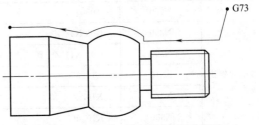

图 1.46　几何模型和编程路径示意图

本例题其余工件尺寸和坐标值明确，可直接进行编程。

4. 数控程序

开始	N010	M03 S800	主轴正转，800r/min
	N020	T0101	换 01 号外圆车刀
	N030	G98	指定走刀按照 mm/min 进给
端面	N040	G00 X30 Z0	快速定位到工件端面上方
	N050	G01 X0 Z0 F80	车端面，走刀速度为 80mm/min
G73 粗车循环	N060	G00 X40 Z3	快速定位到循环起点
	N070	G73 U5 W3 R3	X 向每次吃刀量为 5mm，循环 3 次 理论上 G73 参数：G73 U9 W3 R3
	N080	G73 P90 Q140 U0.2 W0.2 F100	循环程序段 90～140
外轮廓	N090	G00 X12 Z1	快速定位到工件右侧
	N100	G01 X12 Z−18	车削 φ12 外圆
	N110	G01 X16 Z−18	车削圆弧的右端面
	N120	G03 X16 Z−31.32 R10.8	车削 R10.8 逆时针圆弧
	N130	G01 X20 Z−41.32	斜向车削至 φ20 外圆处
	N140	G01 X20 Z−54.32	车削 φ20 外圆
精车循环	N150	M03 S1200	提高主轴转速，1200r/min
	N160	G70 P90 Q140 F40	精车
倒角	N170	M03 S800	主轴正转，800r/min
	N180	G00 X7 Z1	定位到倒角延长线处
	N190	G01 X12 Z−1.5 F80	车削 C1.5 倒角
	N200	G00 X200 Z200	快速退刀
螺纹退刀槽	N210	T0202	换切断刀，即切槽刀
	N220	M03 S800	主轴正转，800r/min

	N230	G00 X14 Z—16	快速接近退刀槽上方
螺纹退刀槽	N240	G01 X14 Z—18 F80	进给至退刀槽上方
	N250	G01 X8 Z—18 F20	切削退刀槽
	N260	G00 X20 Z—18	抬刀
	N270	G00 X200 Z200	快速退刀
G92 攻螺纹	N280	T0303	换 03 号螺纹刀
	N290	G00 X14 Z3	定位到螺纹开始处
	N300	G92 X11 Z—16.5 F1.75	第 1 刀攻螺纹
	N310	X10.5	第 2 刀攻螺纹
	N320	X10.2	第 3 刀攻螺纹
	N330	X10.063	第 4 刀攻螺纹
	N340	G00 X200 Z200	快速退刀
切断	N350	T0202	换切断刀，即切槽刀
	N360	M03 S800	主轴正转，800r/min
	N370	G00 X30 Z—54.32	快速定位至切断处
	N380	G01 X0 F20	切断
	N390	G00 X200 Z200	快速退刀
结束	N400	M05	主轴停
	N410	M30	程序结束

5. 刀具路径及切削验证

复合轴螺纹零件刀具路径如图 1.47 所示。

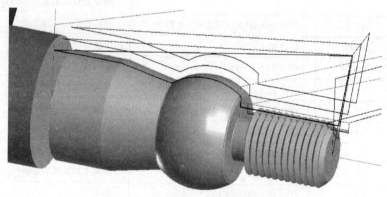

图 1.47　复合轴螺纹零件刀具路径

6. 经验总结

① 实际编程中，G73 指令的参数必须进行优化，否则空刀太多，需要多试几次。

② 把头部倒角单独进行编程，可缩短加工时间。

③ G92、Z 坐标值和 F 螺距都是模态码，因此可以省略

④ 注意本例题中螺纹退刀槽的另一种常见标注方式。

⑤ 螺纹退刀槽和切断的参数可以完全一样。

⑥ 题目中有坐标要求时，必须按照题目要求编写刀具的位置。

注：本例题对应《数控车床编程与操作》（第三版）（刘蔡保主编）第 51 页图 3-60。

十五、辊轴零件

动画演示

1. 学习目的

① 思考循环起点的设置，吃刀量和循环次数的配合优化。

② 熟练掌握通过复合轮廓粗车循环指令 G73 编程的方法。

③ 能迅速构建编程所使用的模型。

2. 加工图纸及要求

如图 1.48 所示工件，写出完整的加工工序和程序，毛坯为 $\phi 25mm$ 铝件，数控车削端面、外圆，最后切断。

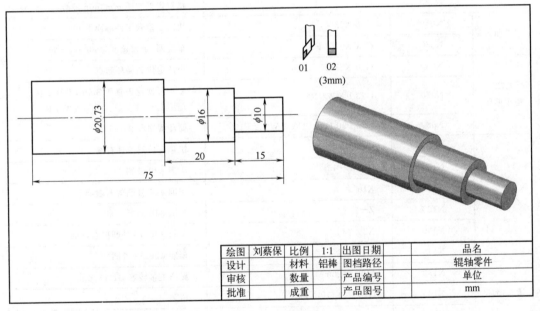

绘图	刘蔡保	比例	1:1	出图日期		品名	
设计		材料	铝棒	图档路径		辊轴零件	
审核		数量		产品编号		单位	
批准		成重		产品图号		mm	

图 1.48　辊轴零件

3. 工艺分析和模型

（1）工艺分析

该零件表面由外圆柱面组成，零件图尺寸标注完整，符合数控加工尺寸标注要求；轮廓描述清楚完整；零件材料为铝棒，切削加工性能较好，无热处理和硬度要求。

（2）毛坯选择

零件材料为铝棒，$\phi 25mm$。

（3）刀具选择

刀具号	刀具规格名称	加工内容	刀具特征	备注
T0101	硬质合金 35°外圆车刀	车端面及车轮廓		
T0202	切断刀（切槽刀）	切槽和切断	宽 3mm	

（4）几何模型

本例题一次性装夹，轮廓部分采用 G73 指令编程，其加工路径的模型设计如图 1.49 所示。

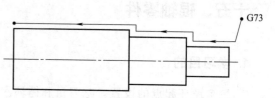

图 1.49 几何模型和编程路径示意图

（5）数学计算

本例题中工件尺寸和坐标值明确，可直接进行编程。

4. 数控程序

	N010	M03 S800	主轴正转，800r/min
开始	N020	T0101	换 01 号外圆车刀
	N030	G98	指定走刀按照 mm/min 进给
端面	N040	G00 X28 Z0	快速定位到工件端面上方
	N050	G01 X0 Z0 F80	车端面，走刀速度为 80mm/min
G73 粗车循环	N060	G00 X28 Z3	快速定位到循环起点
	N070	G73 U3 W1 R2	X 向每次吃刀量为 3mm，循环 2 次 理论上 G73 参数：G73 U9 W3 R3
	N080	G73 P90 Q140 U0.2 W0.2 F100	循环程序段 90～140
	N090	G00 X10 Z1	快速定位到工件右侧
	N100	G01 Z−15	车削 φ10 外圆
外轮廓	N110	X16	车削 φ16 外圆的右端面
	N120	Z−35	车削 φ10 外圆
	N130	X20.73	车削 φ20.73 外圆的右端面
	N140	Z−78	车削 φ20.73 外圆
精车循环	N150	M03 S1200	提高主轴转速，1200r/min
	N160	G70 P90 Q140 F40	精车
	N170	G00 X200 Z200	快速退刀
切断	N180	T0202	换切断刀，即切槽刀
	N190	M03 S800	主轴正转，800r/min
	N200	G00 X30 Z−78	快速定位至切断处
	N210	G01 X0 F20	切断
	N220	G00 X200 Z200	快速退刀
结束	N230	M05	主轴停
	N240	M30	程序结束

5. 刀具路径及切削验证

辊轴零件刀具路径如图 1.50 所示。

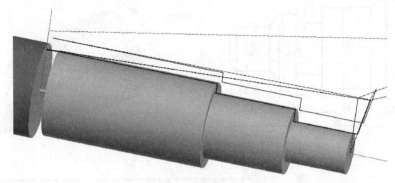

图 1.50　辊轴零件刀具路径

6. 经验总结

① 实际编程中，G73 指令的参数必须进行优化，否则空刀太多，需要多试几次。

② 注意第 1 步不要接触工件，用 G00 指令快速移动到工件右侧。

注： 本例题对应《数控车床编程与操作》（第三版）（刘蔡保主编）第 57 页图 3-64。

十六、宽槽复合轴零件

动画演示

1. 学习目的

① 思考倒角部分如何编程。

② 思考循环起点的设置，吃刀量和循环次数的配合优化。

③ 熟练掌握通过复合轮廓粗车循环指令 G73 编程的方法。

④ 掌握加工宽槽的编程方法。

⑤ 能迅速构建编程所使用的模型。

2. 加工图纸及要求

如图 1.51 所示，写出完整的加工工序和程序，毛坯为 φ35mm 铝件，完成数控车削，最后切断。

3. 工艺分析和模型

(1) 工艺分析

该零件表面由外圆柱面、斜锥面、槽等表面组成，零件图尺寸标注完整，符合数控加工尺寸标注要求；轮廓描述清楚完整；零件材料为铝棒，切削加工性能较好，无热处理和硬度要求。

(2) 毛坯选择

零件材料为铝棒，φ35mm。

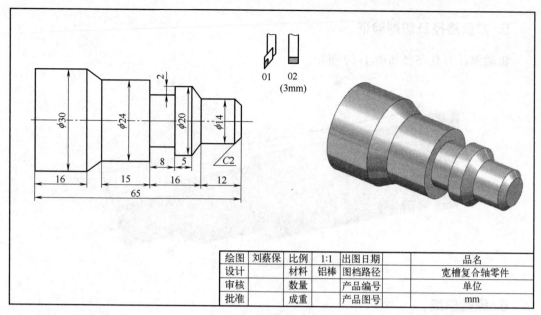

绘图	刘蔡保	比例	1:1	出图日期		品名	
设计		材料	铝棒	图档路径		宽槽复合轴零件	
审核		数量		产品编号		单位	
批准		成重		产品图号		mm	

图 1.51　宽槽复合轴零件

(3) 刀具选择

刀具号	刀具规格名称	加工内容	刀具特征	备注
T0101	硬质合金 35°外圆车刀	车端面及车轮廓		
T0202	切断刀(切槽刀)	切槽和切断	宽 3mm	

(4) 几何模型

本例题一次性装夹，轮廓部分采用 G73 指令编程，其加工路径的模型设计如图 1.52 所示。

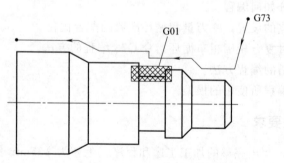

图 1.52　几何模型和编程路径示意图

(5) 数学计算

本例题中工件尺寸和坐标值明确，可直接进行编程。

4. 数控程序

	N010	M03 S800	主轴正转,800r/min
开始	N020	T0101	换 01 号外圆车刀
	N030	G98	指定走刀按照 mm/min 进给

数控车床编程练习指导与提高

	N040	G00 X35 Z0	快速定位到工件端面上方
端面	N050	G01 X0 Z0 F80	车端面,走刀速度为80mm/min
	N060	G00 X35 Z3	快速定位到循环起点
G73 粗车循环	N070	G73 U6 W3 R3	X向每次吃刀量为6mm,循环3次 理论上G73参数:G73 U10.5 W3 R4
	N080	G73 P90 Q160 U0.2 W0.2 F100	循环程序段90~160
	N090	G00 X14 Z1	快速定位到工件右侧
	N100	G01 Z−12	车削ϕ14外圆
	N110	X20 Z−15	斜向车削锥面至ϕ20外圆处
外轮廓	N120	Z−28	车削ϕ20外圆
	N130	X24	车削ϕ24外圆的右端面
	N140	Z−43	车削ϕ24外圆
	N150	X30 Z−49	斜向车削锥面至ϕ30外圆处
	N160	Z−68	车削ϕ30外圆
精车循环	N170	M03 S1200	提高主轴转速,1200r/min
	N180	G70 P90 Q160 F40	精车
	N190	M03 S800	主轴正转,800r/min
倒角	N200	G00 X8 Z1	定位到倒角延长线处
	N210	G01 X14 Z−2 F80	车削C1.5倒角
	N220	G00 X200 Z200	快速退刀
	N230	T0202	换切断刀,即切槽刀
	N240	M03 S800	主轴正转,800r/min
	N250	G00 X22 Z−23	定位至第1刀上方
	N260	G01 X16 F20	切槽
	N270	X22 F80	抬刀
切宽槽	N280	Z−[23+8/3]	定位至第2刀上方
	N290	G01 X16 F20	切槽
	N300	X22 F80	抬刀
	N310	Z−28	定位至第3刀上方
	N320	G01 X16 F20	切槽
	N330	X22 F80	抬刀
	N340	G00 X38	快速抬刀
	N350	Z−68	快速定位至切断处
切断	N360	G01 X0 F20	切断
	N370	G00 X200 Z200	快速退刀
	N380	M05	主轴停
	N390	M30	程序结束

5. 刀具路径及切削验证

宽槽复合轴零件刀具路径如图 1.53 所示。

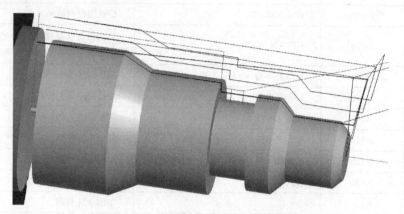

图 1.53　宽槽复合轴零件刀具路径

6. 经验总结

① 实际编程中，G73 指令的参数必须进行优化，否则空刀太多，要多试几次。

② 注意第 1 步不要接触工件，用 G00 指令快速移动到工件右侧。

③ 本题中头部倒角单独编程，可以缩短加工时间。

④ 一般 3 刀以内可以切完的宽槽，可以用 G01 指令一刀一刀地切，更宽的槽则必须要切槽循环。

注：本例题对应《数控车床编程与操作》（第三版）（刘蔡保主编）第 57 页图 3-65。

十七、圆弧螺纹轴零件

1. 学习目的

动画演示

① 思考倒角部分如何编程。

② 思考循环起点的设置，吃刀量和循环次数的配合优化。

③ 熟练掌握通过复合轮廓粗车循环指令 G73 编程的方法。

④ 掌握加工螺纹的编程方法。

⑤ 能迅速构建编程所使用的模型。

2. 加工图纸及要求

如图 1.54 所示工件，写出完整的加工工序和程序，毛坯为 $\phi 25\mathrm{mm}$ 铝件，编制其加工的数控程序。

3. 工艺分析和模型

(1) 工艺分析

该零件表面由外圆柱面、顺圆弧、逆圆弧、斜锥面、螺纹等表面组成，零件图尺寸标

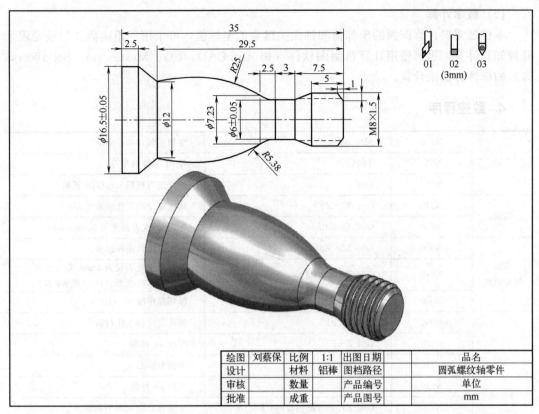

图 1.54 圆弧螺纹轴零件

注完整，符合数控加工尺寸标注要求；轮廓描述清楚完整；零件材料为铝棒，切削加工性能较好，无热处理和硬度要求。

（2）毛坯选择

零件材料为铝棒，$\phi20mm$。

（3）刀具选择

刀具号	刀具规格名称	加工内容	刀具特征	备注
T0101	硬质合金 35°外圆车刀	车端面及车轮廓		
T0202	切断刀（切槽刀）	切槽和切断	宽 3mm	
T0303	螺纹刀	外螺纹	60°牙型	

（4）几何模型

本例题一次性装夹，轮廓部分采用 G73 指令编程，其加工路径的模型设计如图 1.55。

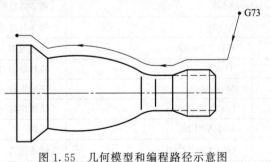

图 1.55 几何模型和编程路径示意图

(5) 数学计算

本例题需要计算圆弧的坐标值和锥面关键点的坐标值,可采用三角函数、勾股定理等几何知识计算,也可使用计算机制图软件(如 AutoCAD、UG、Mastercam、SolidWorks 等)的标注方法来计算。

4. 数控程序

开始	N010	M03 S800	主轴正转,800r/min
	N020	T0101	换 01 号外圆车刀
	N030	G98	指定走刀按照 mm/min 进给
端面	N040	G00 X24 Z0	快速定位到工件端面上方
	N050	G01 X0 Z0 F80	车端面,走刀速度为 80mm/min
G73 粗车循环	N060	G00 X24 Z3	快速定位到循环起点
	N070	G73 U5 W2 R3	X 向每次吃刀量为 5mm,循环 3 次 理论上 G73 参数:G73 U9 W2 R3
	N080	G73 P90 Q160 U0.2 W0.2 F100	循环程序段 90~160
外轮廓	N090	G00 X8 Z1	快速定位到工件右侧
	N100	G01 Z−5	车削 φ8 外圆
	N110	X6 Z−7.5	车削小锥面
	N120	Z−10.5	车削 φ6 外圆
	N130	G02 X7.233 Z−13.001 R5.38	车削 R5.38 顺时针圆弧
	N140	G03 X12 Z−29.5 R25	车削 R25 逆时针圆弧
	N150	G01 X16.5 Z−32.5	斜向车削至 φ16.5 外圆处
	N160	Z−38	车削 φ16.5 外圆
精车循环	N170	M03 S1200	提高主轴转速,1200r/min
	N180	G70 P90 Q160 F40	精车
倒角	N190	M03 S800	主轴正转,800r/min
	N200	G00 X4 Z1	定位到倒角延长线处
	N210	G01 X8 Z−1 F80	车削 C1.5 倒角
	N220	G00 X200 Z200	快速退刀
G92 攻螺纹	N230	T0303	换 03 号螺纹刀
	N240	G00 X10 Z3	定位到螺纹开始处
	N250	G92 X7 Z-9 F1.75	第 1 刀攻螺纹
	N260	X6.5	第 2 刀攻螺纹
	N270	X6.34	第 3 刀攻螺纹
	N280	G00 X200 Z200	快速退刀
切断	N290	T0202	换切断刀,即切槽刀
	N300	M03 S800	主轴正转,800r/min
	N310	G00 X22 Z−38	快速定位至切断处
	N320	G01 X0 F20	切断
	N330	G00 X200 Z200	快速退刀

结束	N340	M05	主轴停
	N350	M30	程序结束

5. 刀具路径及切削验证

圆弧螺纹轴零件刀具路径如图 1.56 所示。

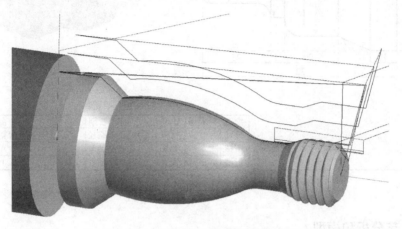

图 1.56　圆弧螺纹轴零件刀具路径

6. 经验总结

① 实际编程中，G73 指令的参数必须进行优化，否则空刀太多，要多试几次。

② 注意第 1 步不要接触工件，用 G00 指令快速移动到工件右侧。

③ 本题中头部倒角单独编程，可以缩短加工时间。

④ 注意螺纹的结束位置，一定要超出外圆。

注：本例题对应《数控车床编程与操作》（第三版）（刘蔡保主编）第 57 页图 3-66。

十八、多阶台复合轴零件

动画演示

1. 学习目的

① 思考倒角部分如何编程。

② 思考循环起点的设置，吃刀量和循环次数的配合优化。

③ 熟练掌握通过复合轮廓粗车循环指令 G73 编程的方法。

④ 能迅速构建编程所使用的模型。

2. 加工图纸及要求

编制图 1.57 所示零件的加工程序：写出完整的加工工序和程序，毛坯为铝棒，要求循环起始点在 A（46，3），X 方向精加工余量为 0.4mm，Z 方向精加工余量为 0.1mm，最后切断。

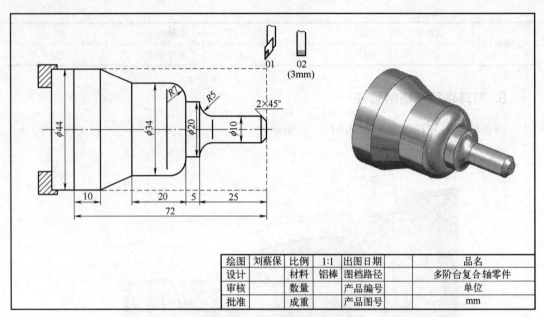

图 1.57　多阶台复合轴零件

3. 工艺分析和模型

（1）工艺分析

该零件表面由外圆柱面、顺圆弧、逆圆弧、斜锥面等表面组成，零件图尺寸标注完整，符合数控加工尺寸标注要求；轮廓描述清楚完整；零件材料为铝棒，切削加工性能较好，无热处理和硬度要求。

（2）毛坯选择

零件材料为铝棒，ϕ45mm。

（3）刀具选择

刀具号	刀具规格名称	加工内容	刀具特征	备注
T0101	硬质合金 35°外圆车刀	车端面及车轮廓		
T0202	切断刀（切槽刀）	切槽和切断	宽 3mm	

（4）几何模型

本例题一次性装夹，轮廓部分采用 G73 指令编程，其加工路径的模型设计如图 1.58 所示。

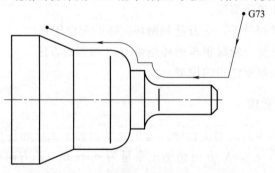

图 1.58　几何模型和编程路径示意图

(5) 数学计算

本例题中工件尺寸和坐标值明确，可直接进行编程。

4. 数控程序

开始	N010	M03 S800	主轴正转，800r/min
	N020	T0101	换 01 号外圆车刀
	N030	G98	指定走刀按照 mm/min 进给
端面	N040	G00 X50 Z0	快速定位到工件端面上方
	N050	G01 X0 Z0 F80	车端面，走刀速度为 80mm/min
G73 粗车循环	N060	G00 X46 Z3	快速定位到循环起点
	N070	G73 U12 W3 R4	X 向每次吃刀量为 12mm，循环 4 次 理论上 G73 参数：G73 U20 W3 R7
	N080	G73 P90 Q160 U0.4 W0.1 F100	循环程序段 90～160
外轮廓	N090	G00 X10 Z1	快速定位到工件右侧
	N100	G01 Z−20	车削 φ10 外圆
	N110	G02 X20 Z−25 R5	车削 R5 圆角
	N120	G01 Z−30	车削 φ20 外圆
	N130	G03 X34 Z−37 R7	车削 R7 圆角
	N140	G01 Z−50	车削 φ34 外圆
	N150	X44 Z−62	斜向车削至 φ44 外圆处
	N160	Z−75	车削 φ44 外圆
精车循环	N170	M03 S1200	提高主轴转速，1200r/min
	N180	G70 P90 Q160 F40	精车
倒角	N190	M03 S800	主轴正转，800r/min
	N200	G00 X4 Z1	定位到倒角延长线处
	N210	G01 X10 Z−2 F80	车削 45°倒角
	N220	G00 X200 Z200	快速退刀
切断	N230	T0202	换切断刀，即切槽刀
	N240	M03 S800	主轴正转，800r/min
	N250	G00 X48 Z−75	快速定位至切断处
	N260	G01 X0 F20	切断
	N270	G00 X200 Z200	快速退刀
结束	N280	M05	主轴停
	N290	M30	程序结束

5. 刀具路径及切削验证

多阶台复合轴零件刀具路径如图 1.59 所示。

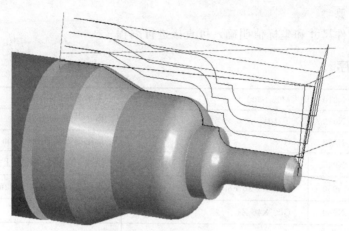

图 1.59　多阶台复合轴零件刀具路径

6. 经验总结

① 实际编程中，G73 指令的参数必须进行优化，否则空刀太多，要多试几次。

② 注意第 1 步不要接触工件，用 G00 指令快速移动到工件右侧。

③ 本题中头部倒角单独编程，可以缩短加工时间。

④ 题目中有坐标和参数要求时，必须按照题目要求编写程序。

注：本例题对应《数控车床编程与操作》（第三版）（刘蔡保主编）第 58 页图 3-67。

十九、球头复合轴螺纹零件

1. 学习目的

动画演示

① 思考球头体部分如何编程。

② 思考循环起点的设置，吃刀量和循环次数的配合优化。

③ 熟练掌握通过复合轮廓粗车循环指令 G73 编程的方法。

④ 掌握加工螺纹退刀槽的编程方法。

⑤ 掌握加工螺纹的编程方法。

⑥ 能迅速构建编程所使用的模型。

2. 加工图纸及要求

编制图 1.60 所示零件的加工程序：写出完整的加工工序和程序，毛坯为 $\phi 25$mm 铝件。X 方向精加工余量为 0.4mm，Z 方向精加工余量为 0.1mm，最后切断。

3. 工艺分析和模型

(1) 工艺分析

该零件表面由外圆柱面、顺圆弧、球头、斜锥面、槽、螺纹等表面组成，零件图尺寸标注完整，符合数控加工尺寸标注要求；轮廓描述清楚完整；零件材料为铝棒，切削加工性能较好，无热处理和硬度要求。

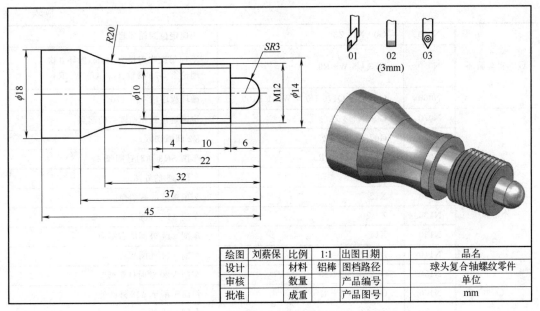

图1.60 球头复合轴螺纹零件

（2）毛坯选择

零件材料为铝棒，$\phi25\mathrm{mm}$。

（3）刀具选择

刀具号	刀具规格名称	加工内容	刀具特征	备注
T0101	硬质合金35°外圆车刀	车端面及车轮廓		
T0202	切断刀（切槽刀）	切槽和切断	宽3mm	
T0303	螺纹刀	外螺纹	60°牙型	

（4）几何模型

本例题一次性装夹，轮廓部分采用G73指令编程，其加工路径的模型设计如图1.61所示。

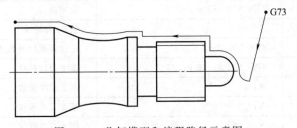

图1.61 几何模型和编程路径示意图

（5）数学计算

本例题中工件尺寸和坐标值明确，可直接进行编程。

4. 数控程序

	N010	M03 S800	主轴正转，800r/min
开始	N020	T0101	换01号外圆车刀
	N030	G98	指定走刀按照mm/min进给

	N040	G00 X40 Z3	快速定位到循环起点
G73 粗车循环	N050	G73 U5 W3 R3	X 向每次吃刀量为 5mm,循环 3 次 理论上 G73 参数:G73 U9 W3 R3
	N060	G73 P70 Q170 U0.4 W0.1 F100	循环程序段 70～170
	N070	G00 X-4 Z2	快速定位到相切圆弧的起点
	N080	G02 X0 Z0 R2	R2 圆弧切入
	N090	G03 X6 Z-3 R3	车削 SR3 逆时针圆弧
	N100	G01 Z-6	车削 φ6 的外圆
	N110	X12	车削螺纹的右端面
外轮廓	N120	Z-20	车削 φ12 外圆
	N130	X14	车削 φ14 外圆的右端面
	N140	Z-22	车削 φ14 外圆
	N150	G02 Z-32 R20	车削 R20 顺时针圆弧
	N160	G01 X18 Z-37	斜向车削至 φ18 外圆处
	N170	Z-48	车削 φ18 外圆
	N180	M03 S1200	提高主轴转速,1200r/min
精车循环	N190	G70 P70 Q170 F40	精车
	N200	G00 X200 Z200	快速退刀
	N210	T0202	换切断刀,即切槽刀
	N220	M03 S800	主轴正转,800r/min
	N230	G00 X14 Z-19	快速定位至退刀槽第 1 刀加工的上方位置
	N240	G01 X10 F20	切削退刀槽
螺纹退刀槽	N250	X14 F100	抬刀
	N260	Z-20	快速定位至退刀槽第 2 刀加工的上方位置
	N270	G01 X10 F20	切削退刀槽
	N280	X14 F100	抬刀
	N290	G00 X200 Z200	快速退刀
	N300	T0303	换 03 号螺纹刀
	N310	G00 X14 Z-3	定位到螺纹开始处
	N320	G92 X11 Z-16 F1.75	第 1 刀攻螺纹
G92 攻螺纹	N330	X10.5	第 2 刀攻螺纹
	N340	X10.2	第 3 刀攻螺纹
	N350	X10.063	第 4 刀攻螺纹
	N360	G00 X200 Z200	快速退刀
	N370	T0202	换切断刀,即切槽刀
	N380	M03 S800	主轴正转,800r/min
切断	N390	G00 X30 Z-48	快速定位至切断处
	N400	G01 X0 F20	切断
	N410	G00 X200 Z200	快速退刀
结束	N420	M05	主轴停
	N430	M30	程序结束

5. 刀具路径及切削验证

球头复合轴螺纹零件刀具路径如图 1.62 所示。

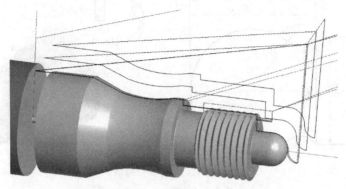

图 1.62　球头复合轴螺纹零件刀具路径

6. 经验总结

① 实际编程中，G73 指令的参数必须进行优化，否则空刀太多，要多试几次。

② 本例题中，考虑切削的最低点为 X0，可以理解为最小的直径不可能为负值。

③ 以后遇到类似的球头工件，都可以采用 R2 小圆弧切入。

④ 题目中有坐标和参数要求时，必须按照题目要求编写程序。

注：本例题对应《数控车床编程与操作（第三版）》（刘蔡保主编）第 58 页图 3-68。

二十、球座模型零件

1. 学习目的

动画演示

① 思考球头体加工部分如何编程。

② 学会通过三角函数或勾股定理计算加工位置的坐标点。

③ 思考循环起点的设置，吃刀量和循环次数的配合优化。

④ 熟练掌握通过复合轮廓粗车循环指令 G73 编程的方法。

⑤ 能迅速构建编程所使用的模型。

2. 加工图纸及要求

编制图 1.63 所示零件的加工程序：写出完整的加工工序和程序，毛坯为 ϕ35mm 铝件，X 方向精加工余量为 0.1mm，Z 方向精加工余量为 0.1mm，最后切断。

3. 工艺分析和模型

（1）工艺分析

该零件表面由外圆柱面、顺圆弧、逆圆弧、球头等表面组成，零件图尺寸标注完整，符合数控加工尺寸标注要求；轮廓描述清楚完整；零件材料为铝棒，切削加工性能较好，无热处理和硬度要求。

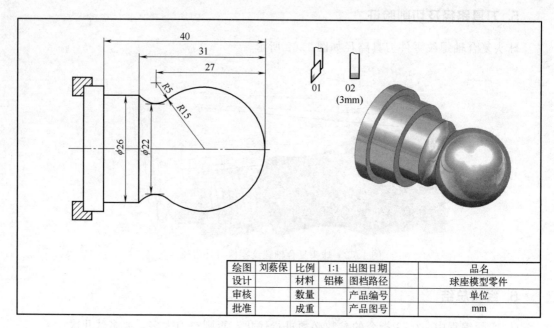

图 1.63　球座模型零件

绘图	刘蔡保	比例		1:1	出图日期		品名	
设计		材料		铝棒	图档路径		球座模型零件	
审核		数量			产品编号		单位	
批准		成重			产品图号		mm	

（2）毛坯选择

零件材料为铝棒，ϕ35mm 棒料。

（3）刀具选择

刀具号	刀具规格名称	加工内容	刀具特征	备注
T0101	硬质合金 35°外圆车刀	车端面及车轮廓		
T0202	切断刀（切槽刀）	切槽和切断	宽 3mm	

（4）几何模型

本例题一次性装夹，轮廓部分采用 G73 指令编程，其加工路径的模型设计如图 1.64 所示。

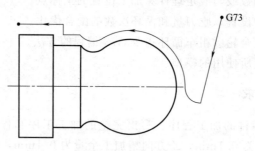

图 1.64　几何模型和编程路径示意图

（5）数学计算

本例题需要计算圆弧的坐标值和锥面关键点的坐标值，可采用三角函数、勾股定理等几何知识计算，也可使用计算机制图软件（如 AutoCAD、UG、Mastercam、SolidWorks 等）的标注方法来计算。

数控车床编程练习指导与提高

4. 数控程序

开始	N010	M03 S800	主轴正转,800r/min
	N020	T0101	换 01 号外圆车刀
	N030	G98	指定走刀按照 mm/min 进给
G73 粗车循环	N040	G00 X40 Z3	快速定位到循环起点
	N050	G73 U9 W3 R3	X 向每次吃刀量为 9mm,循环 3 次 理论上 G73 参数:G73 U20 W3 R7
	N060	G73 P70 Q120 U0.1 W0.1 F100	循环程序段 70~120
外轮廓	N070	G00 X−4 Z2	快速定位到相切圆弧的起点
	N080	G02 X0 Z0 R2	R2 圆弧切入
	N090	G03 X24 Z−24 R15	车削 R15 逆时针圆弧
	N100	G02 X26 Z−31 R5	车削 R5 顺时针圆弧
	N110	G01 Z−43	车削 φ26 外圆
	N120	X40	车削 φ26 外圆的左侧面
精车循环	N130	M03 S1200	提高主轴转速,1200r/min
	N140	G70 P70 Q120 F40	精车
	N150	G00 X200 Z200	快速退刀
切断	N160	T0202	换切断刀,即切槽刀
	N170	M03 S800	主轴正转,800r/min
	N180	G00 X40 Z−43	快速定位至切断处
	N190	G01 X0 F20	切断
	N200	G00 X200 Z200	快速退刀
结束	N210	M05	主轴停
	N220	M30	程序结束

5. 刀具路径及切削验证

球座模型零件刀具路径如图 1.65 所示。

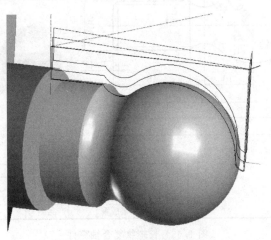

图 1.65　球座模型零件刀具路径

6. 经验总结

① 实际编程中，G73 指令的参数必须进行优化，否则空刀太多，要多试几次。

② 本例题中，考虑切削的最低点为 X0，可以理解为最小的直径不可能为负值。

③ 以后遇到类似的球头工件，可以都采用 $R2$ 小圆弧切入。

④ 题目中有坐标和参数要求时，必须按照题目要求编写程序。

注： 本例题对应《数控车床编程与操作》（第三版）（刘蔡保主编）第 58 页图 3-69。

二十一、长螺纹复合轴零件

动画演示

1. 学习目的

① 思考倒角加工部分如何编程。

② 学会通过三角函数或勾股定理计算加工位置的坐标点。

③ 思考循环起点的设置，吃刀量和循环次数的配合优化。

④ 熟练掌握通过复合轮廓粗车循环指令 G73 编程的方法。

⑤ 掌握加工螺纹的编程方法。

⑥ 能迅速构建编程所使用的模型。

2. 加工图纸及要求

编制图 1.66 所示零件的加工程序：写出完整的加工工序和程序，毛坯为 $\phi25\text{mm}$ 铝件，X 方向精加工余量为 0.2mm，Z 方向精加工余量为 0.1mm，最后切断。

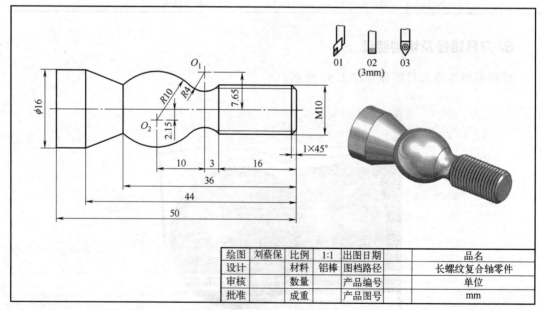

绘图	刘蔡保	比例	1:1	出图日期		品名	
设计		材料	铝棒	图档路径		长螺纹复合轴零件	
审核		数量		产品编号		单位	
批准		成重		产品图号		mm	

图 1.66　长螺纹复合轴零件

3. 工艺分析和模型

(1) 工艺分析

该零件表面由外圆柱面、顺圆弧、逆圆弧、斜锥面、螺纹等表面组成，零件图尺寸标注完整，符合数控加工尺寸标注要求；轮廓描述清楚完整；零件材料为铝棒，切削加工性能较好，无热处理和硬度要求。

(2) 毛坯选择

零件材料为铝棒，$\phi 25\text{mm}$。

(3) 刀具选择

刀具号	刀具规格名称	加工内容	刀具特征	备注
T0101	硬质合金35°外圆车刀	车端面及车轮廓		
T0202	切断刀（切槽刀）	切断	宽3mm	
T0303	螺纹刀	外螺纹	60°牙型	

(4) 几何模型

本例题一次性装夹，轮廓部分采用G73指令编程，其加工路径的模型设计如图1.67所示。

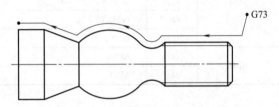

图1.67　几何模型和编程路径示意图

(5) 数学计算

本例题需要计算圆弧的坐标值，可采用三角函数、勾股定理等几何知识计算，也可使用计算机制图软件（如AutoCAD、UG、Mastercam、SolidWorks等）的标注方法来计算。

4. 数控程序

	N010	M03 S800	主轴正转，800r/min
开始	N020	T0101	换01号外圆车刀
	N030	G98	指定走刀按照mm/min进给
端面	N040	G00 X25 Z0	快速定位到工件端面上方
	N050	G01 X0 Z0 F80	车端面，走刀速度为80mm/min
G73粗车循环	N060	G00 X25 Z3	快速定位到循环起点
	N070	G73 U5 W3 R3	X向每次吃刀量为9mm，循环3次 理论上G73参数：G73 U9 W3 R3
	N080	G73 P90 Q140 U0.2 W0.1 F100	循环程序段90～140
外轮廓	N090	G00 X10 Z1	快速定位到工件右侧
	N100	G01 Z−16	车削$\phi 10$外圆
	N110	G02 X9.696 Z−21.857 R4	车削$R4$顺时针圆弧
	N120	G03 X9.983 Z−36 R10	车削$R10$逆时针圆弧
	N130	G01 X16 Z−44	斜向车削至$\phi 16$外圆处
	N140	Z−53	车削$\phi 16$外圆

	N150	M03 S1200	提高主轴转速,1200r/min
精车循环	N160	G70 P90 Q140 F40	精车
	N170	M03 S800	主轴正转,800r/min
倒角	N180	G00 X6 Z1	定位到倒角延长线处
	N190	G01 X10 Z-1 F80	车削45°倒角
	N200	G00 X200 Z200	快速退刀
	N210	T0303	换03号螺纹刀
	N220	G00 X12 Z3	定位到螺纹开始处
G92攻螺纹	N230	G92 X9 Z-19 F1.75	第1刀攻螺纹
	N240	X8.5	第2刀攻螺纹
	N250	X8.34	第3刀攻螺纹
	N260	G00 X200 Z200	快速退刀
	N270	T0202	换切断刀,即切槽刀
	N280	M03 S800	主轴正转,800r/min
切断	N290	G00 X30 Z-53	快速定位至切断处
	N300	G01 X0 F20	切断
	N310	G00 X200 Z200	快速退刀
结束	N320	M05	主轴停
	N330	M30	程序结束

5. 刀具路径及切削验证

长螺纹复合轴零件刀具路径如图1.68所示。

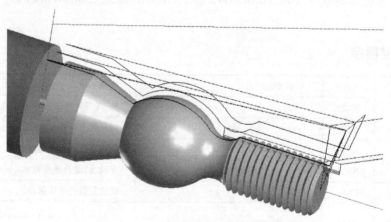

图1.68　长螺纹复合轴零件刀具路径

6. 经验总结

① 实际编程中,G73指令的参数必须进行优化,否则空刀太多,要多试几次。

② 注意第1步不要接触工件,用G00指令快速移动到工件右侧。

③ 本例题中头部倒角单独编程,可以缩短加工时间。

④ 注意螺纹的结束位置,一定要超出外圆。

注: 本例题对应《数控车床编程与操作》(第三版)(刘蔡保主编)第59页图3-70。

二十二、锥头阶台配合轴零件

动画演示

1. 学习目的

① 思考循环起点如何设置。

② 熟练掌握通过外径粗车循环指令 G71 编程的方法。

③ 能迅速构建编程所使用的模型。

2. 加工图纸及要求

编制图 1.69 所示零件的加工程序：写出完整的加工程序，用 G71 外径粗车循环指令编写程序，毛坯为 $\phi 50mm$ 铝件，X 方向精加工余量为 0.2mm，Z 方向精加工余量为 0.1mm，最后切断。

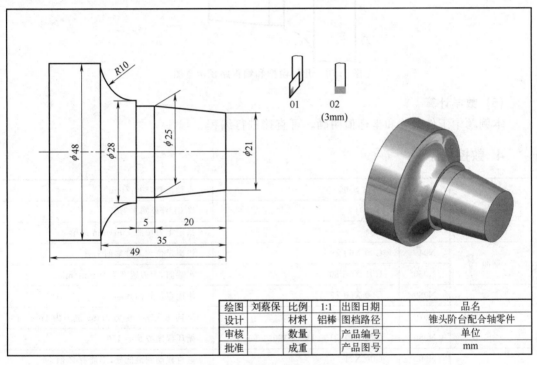

绘图	刘蔡保	比例	1:1	出图日期		品名	
设计		材料	铝棒	图档路径		锥头阶台配合轴零件	
审核		数量		产品编号		单位	
批准		成重		产品图号		mm	

图 1.69　锥头阶台配合轴零件

3. 工艺分析和模型

(1) 工艺分析

该零件表面由外圆柱面、顺圆弧、斜锥面等表面组成，零件图尺寸标注完整，符合数控加工尺寸标注要求；轮廓描述清楚完整；零件材料为铝棒，切削加工性能较好，无热处理和硬度要求。

(2) 毛坯选择

零件材料为铝棒，$\phi 50mm$。

（3）刀具选择

刀具号	刀具规格名称	加工内容	刀具特征	备注
T0101	硬质合金 35°外圆车刀	车端面及车轮廓		
T0202	切断刀（切槽刀）	切槽和切断	宽 3mm	

（4）几何模型

本例题一次性装夹，轮廓部分采用 G71 指令编程，其加工路径的模型设计如图 1.70 所示。

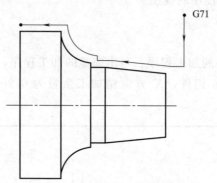

图 1.70 几何模型和编程路径示意图

（5）数学计算

本例题中工件尺寸和坐标值明确，可直接进行编程。

4. 数控程序

开始	N010	M03 S800	主轴正转，800r/min
	N020	T0101	换 01 号外圆车刀
	N030	G98	指定走刀按照 mm/min 进给
端面	N040	G00 X60 Z0	快速定位到工件端面上方
	N050	G01 X0 F80	车端面，走刀速度为 80mm/min
G71 粗车循环	N060	G00 X60 Z3	快速定位到循环起点
	N070	G71 U3 R1	X 向每次吃刀量为 3mm，退刀为 1mm
	N080	G71 P90 Q150 U0.2 W0.1 F100	循环程序段 90～150
外轮廓	N090	G00 X21	垂直移动到最低处，不能有 Z 值
	N100	G01 Z0	接触工件
	N110	X25 Z−20	斜向车削锥面
	N120	Z−25	车削 φ25 外圆
	N130	X28	车削圆弧的右端面
	N140	G02 X48 Z−35 R10	车削 R10 顺时针圆弧
	N150	G01 Z−52	车削 φ48 外圆
精车循环	N160	M03 S1200	提高主轴转速，1200r/min
	N170	G70 P90 Q150 F40	精车
	N180	G00 X200 Z200	快速退刀

	N190	T0202	换切断刀,即切槽刀
切断	N200	G00 X60 Z−52	快速定位至切断处
	N210	G01 X0 F20	切断
	N220	G00 X200 Z200	快速退刀
结束	N230	M05	主轴停
	N240	M30	程序结束

5. 刀具路径及切削验证

锥头阶台配合轴零件刀具路径如图 1.71 所示。

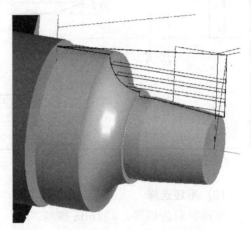

6. 经验总结

① G71 指令循环的第一句不能出现 Z 值。

② 注意第 1 步建议直接采用 G00 指令快速移动到外圆最低处右侧,再用 G01 指令走刀。

注：本例题对应《数控车床编程与操作》(第三版)(刘蔡保主编) 第 61 页图 3-73。

图 1.71　锥头阶台配合轴零件刀具路径

二十三、多阶台复合轴零件

动画演示

1. 学习目的

① 思考工件图不同标注方式的识读。

② 学会通过三角函数或勾股定理计算加工位置的坐标点。

③ 思考循环起点的设置。

④ 熟练掌握通过外径粗车循环指令 G71 编程的方法。

⑤ 能迅速构建编程所使用的模型。

2. 加工图纸及要求

编制图 1.72 所示零件的加工程序:写出完整的加工程序,用外径粗车循环指令 G71 编写程序, X 方向精加工余量为 0.2mm, Z 方向精加工余量为 0.2mm,最后切断。

3. 工艺分析和模型

(1) 工艺分析

该零件表面由外圆柱面、顺圆弧、逆圆弧、斜锥面等表面组成,零件图尺寸标注完整,符合数控加工尺寸标注要求;轮廓描述清楚完整;零件材料为铝棒,切削加工性能较好,无热处理和硬度要求。

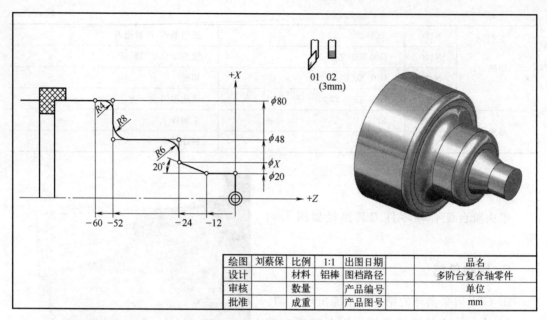

绘图	刘蔡保	比例	1:1	出图日期		品名	
设计		材料	铝棒	图档路径		多阶台复合轴零件	
审核		数量		产品编号		单位	
批准		成重		产品图号		mm	

图 1.72　多阶台复合轴零件

（2）毛坯选择

零件材料为铝棒，$\phi 82\text{mm}$ 棒料。

（3）刀具选择

刀具号	刀具规格名称	加工内容	刀具特征	备注
T0101	硬质合金 45°外圆车刀	车端面及车轮廓		
T0202	切断刀（切槽刀）	切槽和切断	宽 3mm	

（4）几何模型

本例题一次性装夹，轮廓部分采用 G71 指令编程，其加工路径的模型设计如图 1.73 所示。

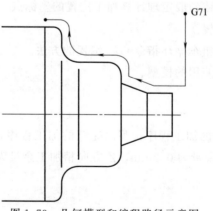

图 1.73　几何模型和编程路径示意图

（5）数学计算

本例题需要计算锥度的坐标值，可采用三角函数、勾股定理等几何知识计算，也可使用计算机制图软件（如 AutoCAD、UG、Mastercam、SolidWorks 等）的标注方法来计算。

4. 数控程序

	N010	M03 S800	主轴正转,800r/min
开始	N020	T0101	换 01 号外圆车刀
	N030	G98	指定走刀按照 mm/min 进给
端面	N040	G00 X90 Z0	快速定位到工件端面上方
	N050	G01 X0 F80	车端面,走刀速度为 80mm/min
G71 粗车循环	N060	G00 X90 Z3	快速定位到循环起点
	N070	G71 U3 R1	X 向每次吃刀量为 3mm,退刀为 1mm
	N080	G71 P90 Q180 U0.2 W0.2 F100	循环程序段 90~180
外轮廓	N090	G00 X20	垂直移动到最低处,不能有 Z 值
	N100	G01 Z−12	车削 $\phi20$ 外圆
	N110	X[12 * TAN20 * 2+20] Z−24	斜向车削锥面
	N120	X36	车削 $\phi48$ 外圆的右端面
	N130	G03 X48 Z−30 R6	车削 $R6$ 圆角
	N140	G01 Z−44	车削 $\phi48$ 外圆
	N150	G02 X64 Z−52 R8	车削 $R8$ 圆角
	N160	G01 X72	车削 $\phi80$ 外圆的右端面
	N170	G03 X80 Z−56 R4	车削 $R4$ 圆角
	N180	G01 Z−63	车削 $\phi80$ 外圆
精车循环	N190	M03 S1200	提高主轴转速,1200r/min
	N200	G70 P90 Q180 F40	精车
	N210	G00 X200 Z200	快速退刀
切断	N220	T0202	换切断刀,即切槽刀
	N230	G00 X90 Z−63	快速定位至切断处
	N240	G01 X0 F20	切断
	N250	G00 X200 Z200	快速退刀
结束	N260	M05	主轴停
	N270	M30	程序结束

5. 刀具路径及切削验证

多阶台复合轴零件刀具路径如图 1.74 所示。

6. 经验总结

① 只要轮廓描述恰当,G71 指令的循环几乎不会走空刀,要注意第 1 句不能出现 Z 值。

② 注意第 1 步建议直接采用 G00 指令快速移动到外圆最低处右侧,再用 G01 走刀。

③ 数控机床允许使用公式、数学算式、函数等多种表达方式。

注:本例题对应《数控车床编程与操作》(第三版)(刘蔡保主编)第 61 页图 3-74。

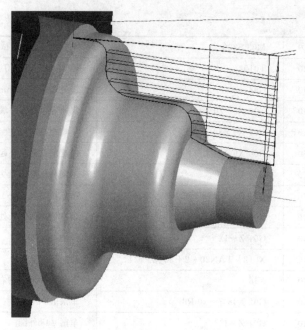

图 1.74　多阶台复合轴零件刀具路径

二十四、多阶台复合短轴零件

1. 学习目的

动画演示

① 思考循环起点如何设置。

② 熟练掌握通过端面粗车循环指令 G72 编程的方法。

③ 熟练掌握走刀路径的方向设置。

④ 能迅速构建编程所使用的模型。

2. 加工图纸及要求

编制图 1.75 所示零件的加工程序：采用 G72 端面粗车循环指令写出完整的加工程序，毛坯为铝件，要求 X 方向精加工余量为 0.2mm，Z 方向精加工余量为 0.2mm，最后切断。

3. 工艺分析和模型

(1) 工艺分析

该零件表面由外圆柱面、顺圆弧、逆圆弧、斜锥面等表面组成，零件图尺寸标注完整，符合数控加工尺寸标注要求；轮廓描述清楚完整；零件材料为铝棒，切削加工性能较好，无热处理和硬度要求。

(2) 毛坯选择

零件材料为铝棒，ϕ48mm。

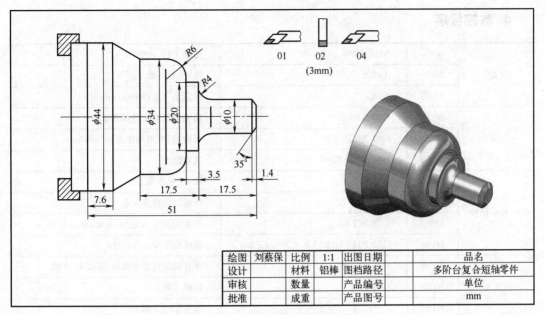

绘图	刘蔡保	比例	1:1	出图日期		品名	
设计		材料	铝棒	图档路径		多阶台复合短轴零件	
审核		数量		产品编号		单位	
批准		成重		产品图号		mm	

图 1.75　多阶台复合短轴零件

（3）刀具选择

刀具号	刀具规格名称	加工内容	刀具特征	备注
T0101	硬质合金 45°外圆车刀	车端面及车轮廓		
T0202	切断刀（切槽刀）	切断	宽 3mm	
T0404	硬质合金 45°外圆车刀	车轮廓		水平放置

（4）几何模型

本例题一次性装夹，轮廓部分采用 G72 指令编程，其加工路径的模型设计如图 1.76 所示。

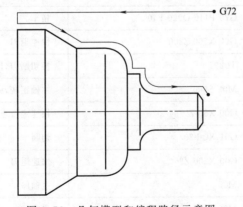

图 1.76　几何模型和编程路径示意图

（5）数学计算

本例题需要计算 35°倒角处的坐标值，可采用三角函数、勾股定理等几何知识计算，也可使用计算机制图软件（如 AutoCAD、UG、Mastercam、SolidWorks 等）的标注方法来计算。

4. 数控程序

	N010	M03 S800	主轴正转，800r/min
开始	N020	T0101	换 01 号外圆车刀
	N030	G98	指定走刀按照 mm/min 进给
	N040	G00 X50 Z0	快速定位到工件端面上方
端面	N050	G01 X0 Z0 F80	车端面，走刀速度为 80mm/min
	N060	G00 X200 Z200	快速退刀
	N070	T0404	换 04 号外圆车刀
G73 粗车循环	N080	G00 X50 Z3	快速定位循环起点
	N090	G72 W3 R1	X 向每次吃刀量为 3mm，退刀为 1mm
	N100	G72 P110 Q220 U0.2 W0.2 F100	循环程序段 110～220
	N110	G00 Z−54	垂直移动到最末端处，不能有 X 值
	N120	G01 X44	接触工件
	N130	Z−43.4	车削 ϕ44 外圆
	N140	X34 Z−35	斜向车削至 ϕ34 外圆处
	N150	Z−27	车削 ϕ34 外圆
外轮廓	N160	G02 X22 Z−21 R6	车削 R6 圆角
	N170	G01 X20	车削 ϕ34 外圆的右端面
	N180	Z−17.5	车削 ϕ20 外圆
	N190	X18	车削 ϕ20 外圆的右端面
	N200	G03 X10 Z−13.5 R4	车削 R4 圆角
	N210	G01 Z−1.4	车削 ϕ10 外圆
	N220	X[1.4/TAN35 * 2] Z0	车削 35°倒角
	N230	M03 S1200	提高主轴转速，1200r/min
精车循环	N240	G70 P110 Q220 F40	精车
	N250	G00 X200 Z200	快速退刀
	N260	T0202	换切断刀，即切槽刀
	N270	M03 S800	主轴正转，800r/min
切断	N280	G00 X50 Z−54	快速定位至切断处
	N290	G01 X0 F20	切断
	N300	G00 X200 Z200	快速退刀
结束	N310	M05	主轴停
	N320	M30	程序结束

5. 刀具路径及切削验证

多阶台复合短轴零件刀具路径如图 1.77 所示。

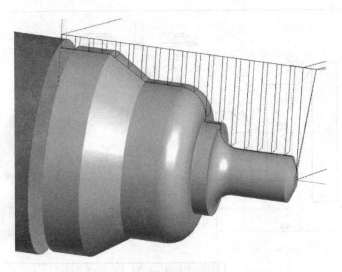

图 1.77 多阶台复合短轴零件刀具路径

6. 经验总结

① G72 指令的循环经常使用的刀具是横放的外圆车刀或者切槽刀。

② 只要轮廓描述恰当，G72 指令的循环几乎不会走空刀，要注意第 1 句不能出现 X 值。

③ 注意第 1 步直接采用 G00 指令快速移动至尾部。

④ G72 和 G71 指令的圆弧描述方式是相反的。

注：本例题对应《数控车床编程与操作》（第三版）（刘蔡保主编）第 64 页图 3-78。

二十五、圆弧阶台轴零件

动画演示

1. 学习目的

① 思考循环起点如何设置。

② 熟练掌握通过端面粗车循环 G72 指令编程的方法。

③ 熟练掌握走刀路径方向的设置。

④ 学会分析零件加工中无法一次性车削的区域。

⑤ 能迅速构建编程所使用的模型。

2. 加工图纸及要求

编制图 1.78 所示零件的加工程序：采用 G72 端面粗车循环指令写出完整的加工程序，毛坯为 $\phi52$mm 的铝件，要求 X 方向精加工余量为 0.2mm，Z 方向精加工余量为 0.2mm，最后切断。

3. 工艺分析和模型

(1) 工艺分析

该零件表面由外圆柱面、顺圆弧、逆圆弧、斜锥面等表面组成，零件图尺寸标注完

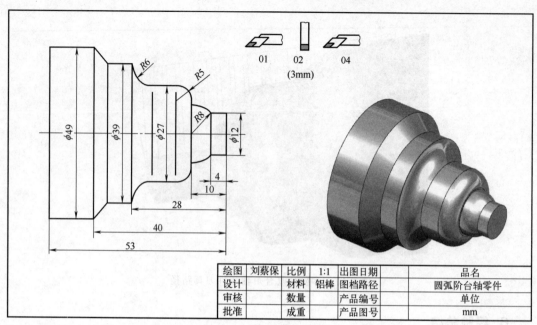

绘图	刘蔡保	比例	1:1	出图日期		品名
设计		材料	铝棒	图档路径		圆弧阶台轴零件
审核		数量		产品编号		单位
批准		成重		产品图号		mm

图 1.78　圆弧阶台轴零件

整，符合数控加工尺寸标注要求；轮廓描述清楚完整；零件材料为铝棒，切削加工性能较好，无热处理和硬度要求。

（2）毛坯选择

零件材料为铝棒，$\phi52$mm。

（3）刀具选择

刀具号	刀具规格名称	加工内容	刀具特征	备注
T0101	硬质合金 45°外圆车刀	车端面		
T0202	切断刀（切槽刀）	切断	宽 3mm	
T0404	硬质合金 45°外圆车刀	车轮廓		水平放置

（4）几何模型

本例题一次性装夹，轮廓部分采用 G72 指令编程；图 1.79 中圆圈处为凹陷图形，不可用 G72 指令编程，故单独采用 G01 指令走刀。

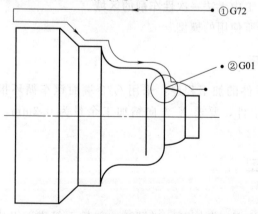

图 1.79　几何模型和编程路径示意图

（5）数学计算

本例题需要计算 $R8$ 圆弧的坐标值，可采用三角函数、勾股定理等几何知识计算，也可使用计算机制图软件（如 AutoCAD、UG、Mastercam、SolidWorks 等）的标注方法来计算。

4. 数控程序

开始	N010	M03 S800	主轴正转，800r/min
	N020	T0101	换 1 号外圆车刀
	N030	G98	指定走刀按照 mm/min 进给
端面	N040	G00 X60 Z0	快速定位至工件端面上方
	N050	G01 X0 F80	车端面，走刀速度为 80mm/min
	N060	G00 X200 Z200	快速退刀
①G72 粗车循环	N070	T0404	换 04 号外圆车刀
	N080	G00 X60 Z3	快速定位循环起点
	N090	G72 W3 R1	X 向每次吃刀量为 3mm，退刀为 1mm
	N100	G72 P110 Q210 U0.2 W0.2 F100	循环程序段 110～210
外轮廓	N110	G00 Z−56	垂直移动到最末端处，不能有 X 值
	N120	G01 X49	接触工件
	N130	Z−40	车削 $\phi49$ 外圆
	N140	X39 Z−34.5	斜向车削至 $\phi39$ 外圆处
	N150	Z−28	车削 $\phi39$ 外圆
	N160	G03 X27 Z−22 R6	车削 $R6$ 圆角
	N170	G01 Z−15	车削 $\phi27$ 外圆
	N180	G02 X17 Z−10 R5	车削 $R5$ 圆角
	N190	G01 Z−4	车削 $\phi17$ 外圆
	N200	X12	车削至 $\phi12$ 外圆处
	N210	Z0	车削 $\phi12$ 外圆
精车	N220	M03 S1200	提高主轴转速，1200r/min
	N230	G70 P110 Q210 F40	精车
	N240	G00 X200 Z200	快速退刀
②小圆弧	N250	T0101	换 01 号外圆车刀
	N260	G00 X14 Z−3	移至圆弧起点外侧
	N270	G01 X12 Z−4 F40	接触工件
	N280	G03 X15.934 Z−10 R8	车削 $R8$ 逆时针圆弧
	N290	G01 X20	抬刀
	N300	G00 X200 Z200	快速退刀
切断	N310	T0202	换切断刀，即切槽刀
	N320	G00 X60 Z−56	快速定位至切断处
	N330	G01 X0 F20	切断
	N340	G00 X200 Z200	快速退刀
结束	N350	M05	主轴停
	N360	M30	程序结束

5. 刀具路径及切削验证

圆弧阶阶台轴零件刀具路径如图 1.80 所示。

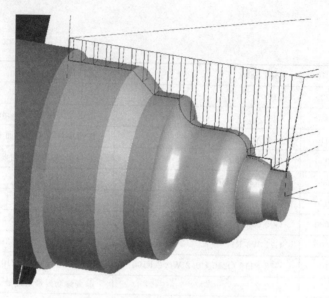

图 1.80　圆弧阶台轴零件刀具路径

6. 经验总结

① G72 指令的循环经常使用的刀具是横放的外圆车刀或者切槽刀。

② 只要轮廓描述得当，G72 指令的循环几乎不会走空刀，要注意第 1 句不能出现 X 值。

③ 注意第 1 步直接采用 G00 指令快速移动至尾部。

④ G72 和 G71 指令的圆弧描述方式是相反的。

⑤ 当本例题中指令无法在循环中加工区域时，需要考虑其他的加工方式，目的是保证车削的完成。

注：本例题对应《数控车床编程与操作》（第三版）（刘蔡保主编）第 64 页图 3-79。

二十六、复合阶台套零件

1. 学习目的

① 思考内轮廓加工工件的加工顺序。

② 熟练掌握钻孔加工的编程方法。

③ 熟练掌握通过端面粗车循环指令 G72 编程的方法。

④ 熟练掌握走刀路径方向的设置。

⑤ 能迅速构建编程所使用的模型。

动画演示

2. 加工图纸及要求

编制图 1.81 所示零件的加工程序：采用 G72 端面粗车循环指令写出完整的加工程序，毛坯为铝件，要求 X 方向精加工余量为 0.1mm，Z 方向精加工余量为 0.15mm。

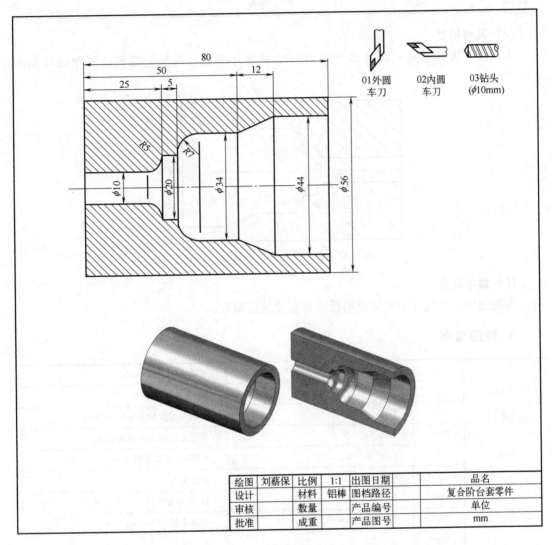

图 1.81　复合阶台套零件

3. 工艺分析和模型

（1）工艺分析

该零件表面由内外圆柱面、顺圆弧、逆圆弧、斜锥面等表面组成，零件图尺寸标注完整，符合数控加工尺寸标注要求；轮廓描述清楚完整；零件材料为铝棒，切削加工性能较好，无热处理和硬度要求。

（2）毛坯选择

零件材料为铝棒，ϕ56mm 棒料。

（3）刀具选择

刀具号	刀具规格名称	加工内容	刀具特征	备注
T0101	硬质合金45°外圆车刀	车端面		
T0202	内圆车刀	车内轮廓	宽3mm	
T0303	钻头	钻孔		

（4）几何模型

本例题一次性装夹，轮廓部分采用 G72 的循环编程，其加工路径的模型设计如图 1.82 所示。

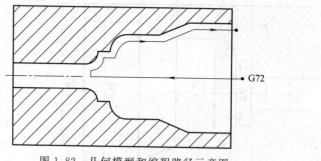

图 1.82 几何模型和编程路径示意图

（5）数学计算

本例题中工件尺寸和坐标值明确，可直接进行编程。

4. 数控程序

	N010	M03 S800	主轴正转，800r/min
开始	N020	T0101	换 01 号外圆车刀
	N030	G98	指定走刀按照 mm/min 进给
端面	N040	G00 X65 Z0	快速定位到工件端面上方
	N050	G01 X0 F80	车端面，走刀速度为 80mm/min
	N060	G00 X200 Z200	快速退刀
钻孔	N070	T0303	换 03 号钻头
	N080	M03 S800	主轴正转，800r/min
	N090	G00 X0 Z2	定位孔
	N100	G01 Z−86 F15	钻孔并钻通
	N110	Z2 F100	退出孔
	N120	G00 X200 Z200	快速退刀
G72 粗车循环	N130	T0202	换 02 号内圆车刀
	N140	G00 X2 Z3	快速定位到循环起点
	N150	G72 W3 R1	Z 向每次吃刀量为 3mm，退刀为 1mm
	N160	G72 P170 Q240 U−0.1 W0.15 F60	循环程序段 170～240
内轮廓	N170	G01 Z−60	移动到内圆最深处，不能有 X 值
	N180	X10	接触工件

	N190	G03 X20 Z−55 R5	车削 R5 圆角
内轮廓	N200	G01 Z−50	车削 ϕ20 内圆
	N210	G02 X34 Z−43 R7	车削 R7 圆角
	N220	G01 Z−30	车削 ϕ34 内圆
	N230	X44 Z−18	斜向车削至 ϕ44 内圆处
	N240	Z0	车削 ϕ44 内圆
精车	N250	M03 S1200	提高主轴转速，1200r/min
	N260	G70 P170 Q240 F40	精车
	N270	G00 X200 Z200	快速退刀
结束	N280	M05	主轴停
	N290	M30	程序结束

5. 刀具路径及切削验证

复合阶台套零件刀具路径如图 1.83 所示。

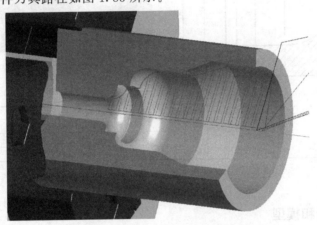

图 1.83　复合阶台套零件刀具路径

6. 经验总结

① 用 G72 循环指令加工内轮廓时需要注意，X 方向余量必须为负值，Z 方向余量为正值。

② 用 G72 循环指令加工内轮廓时，注意第 1 句不能出现 X 值。

③ 内轮廓第 1 步是采用 G01 指令的进给速度移动到尾部。

④ G72 指令的内轮廓圆弧描述方式。

注： 本例题对应《数控车床编程与操作》（第三版）（刘蔡保主编）第 67 页图 3-83。

二十七、圆弧阶台短轴套零件

1. 学习目的

① 思考内轮廓加工工件的加工顺序。

动画演示

② 熟练掌握钻孔的编程方法。

③ 熟练掌握通过端面粗车循环指令 G72 编程的方法。

④ 熟练掌握走刀路径的方向设置。

⑤ 能迅速构建编程所使用的模型。

2. 加工图纸及要求

编制图 1.84 所示零件的加工程序：采用 G72 端面粗车循环指令写出完整的加工程序，毛坯为铝件，要求 X 方向精加工余量为 0.1mm，Z 方向精加工余量为 0.1mm。

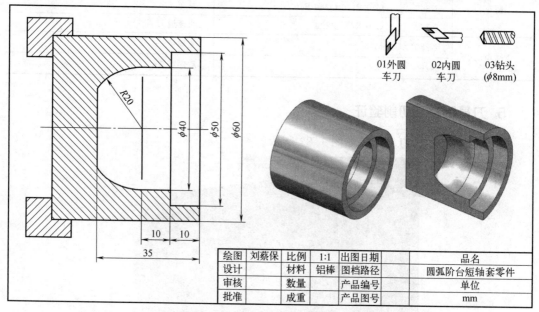

绘图	刘蔡保	比例	1:1	出图日期		品名	
设计		材料	铝棒	图档路径		圆弧阶台短轴套零件	
审核		数量		产品编号		单位	
批准		成重		产品图号		mm	

图 1.84　圆弧阶台短轴套零件

3. 工艺分析和模型

（1）工艺分析

该零件表面由内外圆柱面、顺圆弧等表面组成，零件图尺寸标注完整，符合数控加工尺寸标注要求；轮廓描述清楚完整；零件材料为铝棒，切削加工性能较好，无热处理和硬度要求。

（2）毛坯选择

零件材料为铝棒，ϕ60mm 棒料。

（3）刀具选择

刀具号	刀具规格名称	加工内容	刀具特征	备注
T0101	硬质合金 45°外圆车刀	车端面		
T0202	内圆车刀	车内轮廓	宽 3mm	
T0303	钻头	钻孔		

（4）几何模型

本例题一次性装夹，轮廓部分采用 G72 指令编程，其加工路径的模型设计如图 1.85 所示。

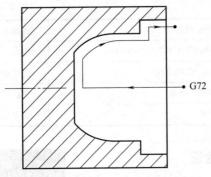

图 1.85　几何模型和编程路径示意图

(5) 数学计算

本例题需要计算圆弧的坐标值，可采用三角函数、勾股定理等几何知识计算，也可使用计算机制图软件（如 AutoCAD、UG、Mastercam、SolidWorks 等）的标注方法来计算。

4. 数控程序

开始	N010	M03 S800	主轴正转，800r/min
	N020	T0101	换 01 号外圆车刀
	N030	G98	指定走刀按照 mm/min 进给
端面	N040	G00 X70 Z0	快速定位到工件端面上方
	N050	G01 X0 F80	车端面，走刀速度为 80mm/min
	N060	G00 X200 Z200	快速退刀
钻孔	N070	T0303	换 03 号钻头
	N080	M03 S800	主轴正转，800r/min
	N090	G00 X0 Z2	定位孔
	N100	G01 Z−35 F15	钻孔
	N110	Z2 F100	退出孔
	N120	G00 X200 Z200	快速退刀
G72 粗车循环	N130	T0202	换 02 号内圆车刀
	N140	G00 X0 Z3	快速定位到循环起点
	N150	G72 W3 R1	Z 向每次吃刀量为 3mm，退刀为 1mm
	N160	G72 P170 Q220 U−0.1 W0.1F60	循环程序段 170～220
内轮廓	N170	G01 Z−35	移动到内圆最深处，不能有 X 值
	N180	X[2 * SQRT[20 * 20−15 * 15]]	车削底面
	N190	G02 X40 Z−20 R20	车削 $R20$ 顺时针圆弧
	N200	G01 Z−10	车削 $\phi40$ 内圆
	N210	X50	车削 $\phi50$ 内圆的左端面
	N220	Z0	车削 $\phi50$ 内圆

	N230	M03 S1200	提高主轴转速，1200r/min
精车	N240	G70 P170 Q220 F40	精车
	N250	G00 X200 Z200	快速退刀
结束	N260	M05	主轴停
	N270	M30	程序结束

5. 刀具路径及切削验证

圆弧阶台短轴套零件刀具路径如图 1.86 所示。

6. 经验总结

① 用 G72 指令循环加工内轮廓时需要注意，X 方向余量必须为负值，Z 方向余量为正值。

② 用 G72 指令循环加工内轮廓时，注意第 1 句不能出现 X 值。

③ 内轮廓第 1 步是采用 G01 指令的进给速度移动到尾部。

④ 注意用 G72 指令的内轮廓圆弧的描述方式。

图 1.86　圆弧阶台短轴套零件刀具路径

注：本例题对应《数控车床编程与操作》（第三版）（刘蔡保主编）第 67 页图 3-84。

二十八、圆阶台螺纹轴零件

动画演示

1. 学习目的

① 思考倒角部分如何编程。

② 思考循环起点的设置。

③ 熟练掌握通过外径粗车循环指令 G71 编程的方法。

④ 掌握加工螺纹退刀槽的编程方法。

⑤ 掌握加工螺纹的编程方法。

⑥ 能迅速构建编程所使用的模型。

2. 加工图纸及要求

编制图 1.87 所示零件的加工程序：写出程序，毛坯为 $\phi55$mm 铝件，X 方向精加工余量为 0.2mm，Z 方向精加工余量为 0.1mm，最后切断。

3. 工艺分析和模型

(1) 工艺分析

该零件表面由外圆柱面、槽、螺纹等表面组成，零件图尺寸标注完整，符合数控加工

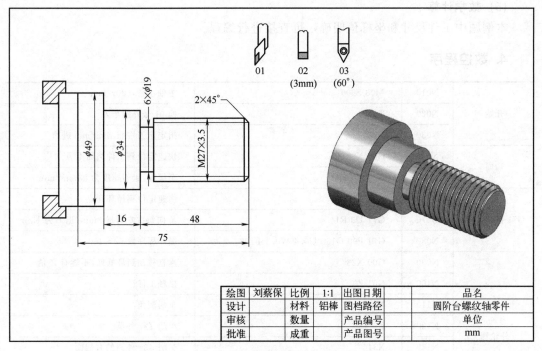

绘图	刘蔡保	比例	1:1	出图日期		品名
设计		材料	铝棒	图档路径		圆阶台螺纹轴零件
审核		数量		产品编号		单位
批准		成重		产品图号		mm

图 1.87　圆阶台螺纹轴零件

尺寸标注要求；轮廓描述清楚完整；零件材料为铝棒，切削加工性能较好，无热处理和硬度要求。

(2) 毛坯选择

零件材料为铝棒，ϕ55mm。

(3) 刀具选择

刀具号	刀具规格名称	加工内容	刀具特征	备注
T0101	硬质合金 35°外圆车刀	车端面及车轮廓		
T0202	切断刀(切槽刀)	切槽和切断	宽 3mm	
T0303	螺纹刀	外螺纹	60°牙型	

(4) 几何模型

本例题一次性装夹，轮廓部分采用 G71 指令编程，其加工路径的模型设计如图 1.88 所示。

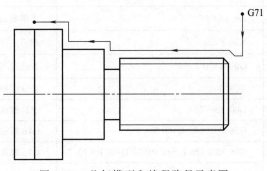

图 1.88　几何模型和编程路径示意图

（5）数学计算

本例题中工件尺寸和坐标值明确，可直接进行编程。

4. 数控程序

	N010	M03 S800	主轴正转，800r/min
开始	N020	T0101	换 01 号外圆车刀
	N030	G98	指定走刀按照 mm/min 进给
端面	N040	G00 X60 Z0	快速定位到工件端面上方
	N050	G01 X0 F80	车端面，走刀速度为 80mm/min
G71 粗车循环	N060	G00 X60 Z3	快速定位到循环起点
	N070	G71 U3 R1	X 向每次吃刀量 3mm，退刀为 1mm
	N080	G71 P90 Q160 U0.4 W0.1 F100	循环程序段 90～160
外轮廓	N090	G00 X23	垂直移动到最低处，不能有 Z 值
	N100	G01 Z0	接触工件
	N110	X27 Z−2	车削倒角
	N120	Z−48	车削 ϕ27 外圆
	N130	X34	车削 ϕ34 外圆的右端面
	N140	Z−64	车削 ϕ34 外圆
	N150	X49	车削 ϕ49 外圆的右端面
	N160	Z−78	车削 ϕ49 外圆
精车循环	N170	M03 S1200	提高主轴转速，1200r/min
	N180	G70 P90 Q160 F40	精车
	N190	G00 X200 Z200	快速退刀
螺纹退刀槽	N200	T0202	换切断刀，即切槽刀
	N210	M03 S800	主轴正转，800r/min
	N220	G00 X30 Z−45	快速接近切第 1 刀退刀槽的上方位置
	N230	G01 X19 F20	切削退刀槽
	N240	X30 F100	抬刀
	N250	Z−48	快速接近切第 2 刀退刀槽的上方位置
	N260	X19 F20	切削退刀槽
	N270	Z−45 F40	平槽底，否则会有接刀痕
	N280	X30 F100	抬刀
	N290	G00 X200 Z200	快速退刀
G76 车螺纹	N300	T0303	换 03 号螺纹刀
	N310	G00 X30 Z3	定位螺纹循环起点
	N320	G76 P010060 Q100 R0.1	G76 螺纹循环指令固定格式
	N330	G76 X23.126 Z−44 P1937 Q900 R0 F3.5	G76 螺纹循环指令固定格式
	N340	G00 X200 Z200	快速退刀

	N350	T0202	换切断刀,即切槽刀
切断	N360	G00 X60 Z−78	快速定位至切断处
	N370	G01 X0 F20	切断
	N380	G00 X200 Z200	快速退刀
结束	N390	M05	主轴停
	N400	M30	程序结束

5. 刀具路径及切削验证

圆阶台螺纹轴零件加工路径如图 1.89 所示。

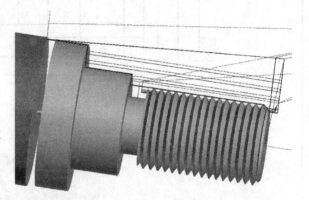

6. 经验总结

① 外圆轮廓能用 G71 指令循环的,尽量使用 G71 指令循环。

② 从 G76 复合螺纹循环指令的参数设置来看,其实参数越多,对于编程来说越不容易出错。

图 1.89　圆阶台螺纹轴零件

注：本例题对应《数控车床编程与操作》（第三版）（刘蔡保主编）第 70 页图 3-89。

二十九、球头宽槽零件

动画演示

1. 学习目的

① 思考球头体部分如何编程。
② 熟练掌握通过外径粗车循环指令 G71 编程的方法。
③ 掌握加工宽槽的编程方法。
④ 能迅速构建编程所使用的模型。

2. 加工图纸及要求

编制如图 1.90 所示零件的加工程序：写出加工程序,毛坯为铝件, X 方向精加工余量为 0.2mm, Z 方向精加工余量为 0.2mm,最后割断。

3. 工艺分析和模型

(1) 工艺分析

该零件表面由外圆柱面、逆圆弧、宽槽等表面组成,零件图尺寸标注完整,符合数控加工尺寸标注要求；轮廓描述清楚完整；零件材料为铝棒,切削加工性能较好,无热处理和硬度要求。

(2) 毛坯选择

零件材料为铝棒, $\phi52$mm。

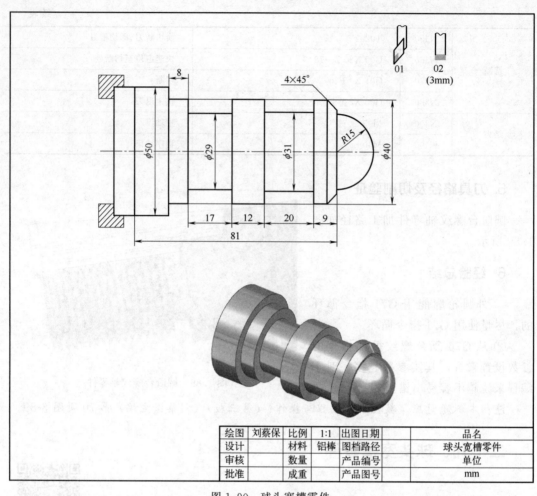

绘图	刘蔡保	比例	1:1	出图日期		品名	
设计		材料	铝棒	图档路径		球头宽槽零件	
审核		数量		产品编号		单位	
批准		成重		产品图号		mm	

图 1.90　球头宽槽零件

(3) 刀具选择

刀具号	刀具规格名称	加工内容	刀具特征	备注
T0101	硬质合金 45°外圆车刀	车端面及车轮廓		
T0202	切断刀（切槽刀）	切断	宽 3mm	

(4) 几何模型

本例题一次性装夹，轮廓部分采用 G71 指令编程，其加工路径的模型设计如图 1.91 所示。

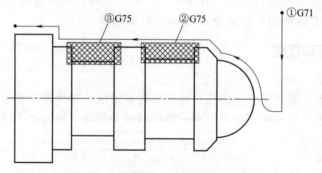

图 1.91　几何模型和编程路径示意图

数控车床编程练习指导与提高

(5) 数学计算

本例题中工件尺寸和坐标值明确，可直接进行编程。

4. 数控程序

	N010	M03 S800	主轴正转,800r/min
开始	N020	T0101	换 01 号外圆车刀
	N030	G98	指定走刀按照 mm/min 进给
①G71 粗车循环	N040	G00 X60 Z3	快速定位到循环起点
	N050	G71 U3 R1	X 向每次吃刀量为 3mm,退刀为 1mm
	N060	G71 P70 Q140 U0.2 W0.2 F100	循环程序段 70～140
外轮廓	N070	G00 X−4 Z2	快速定位到相切圆弧的起点
	N080	G02 X0 Z0 R2	R2 圆弧切入,速度为 100mm/min
	N090	G03 X30 Z−15 R15	车削 R15 逆时针圆弧
	N100	G01 X32	车削 φ40 外圆的右端面
	N110	X40 Z−19	车削 C4 倒角
	N120	Z−81	车削 φ40 外圆
	N130	X50	车削 φ50 外圆的右端面
	N140	Z−99	车削 φ50 外圆
精车循环	N150	M03 S1200	提高主轴转速,1200r/min
	N160	G70 P70 Q140 F40	精车
	N170	G00 X200 Z200	快速退刀
②第 1 个宽槽	N180	T0202	换切断刀,即切槽刀
	N190	M03 S800	主轴正转,800r/min
	N200	G00 X44 Z−27	定位到第 1 个宽槽循环起点
	N210	G75 R1	G75 切槽循环指令固定格式
	N220	G75 X31 Z−44 P3000 Q2000 R0 F20	G75 切槽循环指令固定格式
	N230	M03 S1200	提高主轴转速,1200r/min
	N240	G01 X31 F100	移至槽底
	N250	Z−27 F40	精修槽底
	N260	X44 F300	抬刀
③第 2 个宽槽	N270	M03 S800	主轴正转,800r/min
	N280	G00 Z−59	定位到第 2 个宽槽循环起点
	N290	G75 R1	G75 切槽循环指令固定格式
	N300	G75 X31 Z−73 P3000 Q2000 R0 F20	G75 切槽循环指令固定格式
	N310	M03 S1200	提高主轴转速,1200r/min
	N320	G01 X31 F100	移至槽底
	N330	Z−59 F40	精修槽底
	N340	X60 F300	抬刀

	N350	M03 S800	主轴正转,800r/min
切断	N360	Z-99	快速定位至切断处
	N370	G01 X0 F20	切断
	N380	G00 X200 Z200	快速退刀
结束	N390	M05	主轴停
	N400	M30	程序结束

5. 刀具路径及切削验证

球头宽槽零件刀具路径如图 1.92 所示。

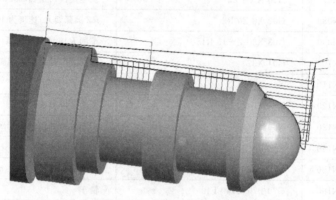

图 1.92　球头宽槽零件刀具路径

6. 经验总结

① 外圆轮廓能用 G71 指令循环的,尽量使用 G71 指令循环。

② 利用 G75 指令进行宽槽加工时建议精修一遍槽底,因为无论是切槽刀的刀刃形状,还是安装的位置,都无法保证切槽刀的刀刃的绝对水平。

注：本例题对应《数控车床编程与操作》（第三版）（刘蔡保主编）第 73 页图 3-95。

三十、等距槽复合轴零件

1. 学习目的

① 学会通过三角函数或勾股定理计算相关位置的坐标点。

② 熟练掌握通过外径粗车循环指令 G71 编程的方法。

③ 掌握加工等距槽的编程方法。

④ 能迅速构建编程所使用的模型。

动画演示

2. 加工图纸及要求

如图 1.93 所示零件的加工程序：写出加工程序,毛坯为铝件,X 方向精加工余量为

0.2mm，Z 方向精加工余量为 0.2mm，最后割断。

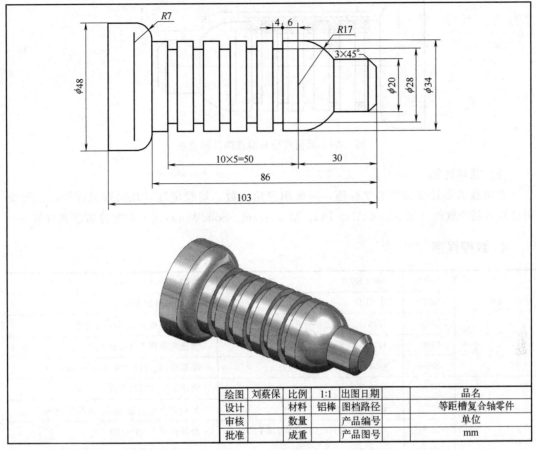

图 1.93　等距槽复合轴零件

3. 工艺分析和模型

(1) 工艺分析
该零件表面由外圆柱面、逆圆弧、倒角、斜锥面等表面组成，零件图尺寸标注完整，符合数控加工尺寸标注要求；轮廓描述清楚完整；零件材料为铝棒，切削加工性能较好，无热处理和硬度要求。

(2) 毛坯选择
零件材料为铝棒，$\phi50mm$。

(3) 刀具选择

刀具号	刀具规格名称	加工内容	刀具特征	备注
T0101	硬质合金 45°外圆车刀	车端面及车轮廓		
T0202	切断刀（切槽刀）	切断	宽 3mm	

(4) 几何模型
本例题一次性装夹，轮廓部分采用 G71 指令编程，其加工路径的模型设计如图 1.94 所示。

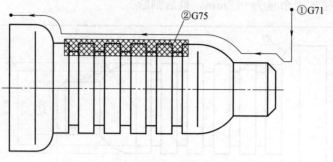

图 1.94　几何模型和编程路径示意图

(5) 数学计算

本例题需要计算圆弧的坐标值，可采用三角函数、勾股定理等几何知识计算，也可使用计算机制图软件（如 AutoCAD、UG、Mastercam、SolidWorks 等）的标注方法来计算。

4. 数控程序

	N010	M03 S800	主轴正转，800r/min
开始	N020	T0101	换 01 号外圆车刀
	N030	G98	指定走刀按照 mm/min 进给
端面	N040	G00 X60 Z0	快速定位到工件端面上方
	N050	G01 X0 F80	车端面，走刀速度为 80mm/min
①G71 粗车循环	N060	G00 X60 Z3	快速定位到循环起点
	N070	G71 U3 R1	X 向每次吃刀量 3mm，退刀为 1mm
	N080	G71 P90 Q160 U0.2 W0.2 F100	循环程序段 90～160
外轮廓	N090	G00 X14	垂直移动到最低处，不能有 Z 值
	N100	G01 Z0	接触工件
	N110	X20 Z−3	车削 C3 倒角
	N120	Z−[30−SQRT[17 * 17−10 * 10]]	车削 $\phi 20$ 外圆
	N130	G03 X34 Z−30 R17	车削 R17 逆时针圆弧
	N140	G01 Z−86	车削 $\phi 34$ 外圆
	N150	G03 X48 Z−93 R7	车削 R7 逆时针圆弧
	N160	G01 Z−106	车削 $\phi 48$ 外圆
精车循环	N170	M03 S1200	提高主轴转速，1200r/min
	N180	G70 P90 Q160 F40	精车
	N190	G00 X200 Z200	快速退刀
②等距槽	N200	T0202	换切断刀，即切槽刀
	N210	M03 S800	主轴正转，800r/min
	N220	G00 X38 Z−40	定位至第 1 个宽槽循环起点
	N230	G75 R1	G75 切槽循环指令固定格式
	N240	G75 X28 Z−80 P3000 Q10000 R0 F20	G75 切槽循环指令固定格式
	N250	G00 X54 F100	抬刀

数控车床编程练习指导与提高

	N260	G00 Z−106	快速定位至切断处
切断	N270	G01 X0 F20	切断
	N280	G00 X200 Z200	快速退刀
结束	N290	M05	主轴停
	N300	M30	程序结束

5. 刀具路径及切削验证

等距槽复合轴零件刀具路径如图 1.95 所示。

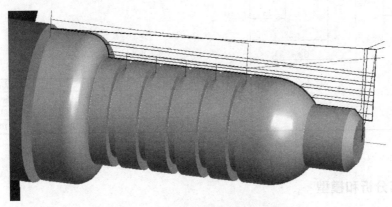

图 1.95　等距槽复合轴零件刀具路径

6. 经验总结

① 外圆轮廓能用 G71 指令循环的，尽量使用 G71 指令循环。

② 采用 G75 指令进行等距槽加工时，顶部移动距离要根据切槽刀刀宽进行设置。

注：本例题对应《数控车床编程与操作》（第三版）（刘蔡保主编）第 73 页图 3-96。

三十一、多阶台轴套零件

1. 学习目的

① 思考内轮廓加工工件的加工顺序。

② 熟练掌握钻孔的编程方法。

③ 熟练掌握通过镗孔循环指令 G74 编程的方法。

④ 掌握内螺纹的编程方法。

⑤ 能迅速构建编程所使用的模型。

动画演示

2. 加工图纸及要求

编制图 1.96 所示零件的加工程序：写出加工程序，X 方向精加工余量为 0.1mm，Z 方向精加工余量为 0.1mm。

第一章　数控车床编程基础案例

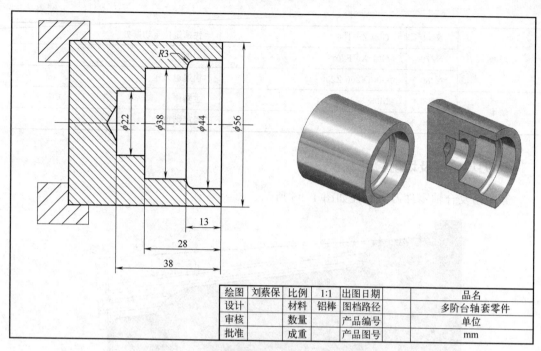

图 1.96　多阶台轴套零件

3. 工艺分析和模型

（1）工艺分析

该零件表面由内外圆柱面、圆角等表面组成，零件图尺寸标注完整，符合数控加工尺寸标注要求；轮廓描述清楚完整；零件材料为铝棒，切削加工性能较好，无热处理和硬度要求。

（2）毛坯选择

零件材料为铝棒，$\phi56$mm。

（3）刀具选择

刀具号	刀具规格名称	加工内容	刀具特征	备注
T0101	硬质合金 45°外圆车刀	车端面		
T0202	钻头	钻孔		
T0303	内圆车刀	车内轮廓	宽 3mm	

（4）几何模型

本例题采用平放的 3mm 宽内圆车刀，采用 G74 指令编程，其加工路径的模型设计如图 1.97 所示。注意：内圆车刀和镗孔刀的对刀点可能会有所不同，进而会影响 G74 指令循环的起点和终点。

（5）数学计算

本例题中工件尺寸和坐标值明确，可直接进行编程。

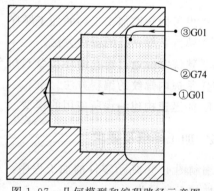

图 1.97　几何模型和编程路径示意图

4. 数控程序

	N010	M03 S800	主轴正转,800r/min
开始	N020	T0101	换 01 号外圆车刀
	N030	G98	指定走刀按照 mm/min 进给
	N040	G00 X70 Z0	快速定位到工件端面上方
端面	N050	G01 X0 F80	车端面,走刀速度为 80mm/min
	N060	G00 X200 Z200	快速退刀
	N070	T0202	换 02 号钻头
	N080	M03 S800	主轴正转,800r/min
①钻孔	N090	G00 X0 Z2	定位孔
	N100	G01 Z-42 F15	钻孔
	N110	Z2 F100	退出孔
	N120	G00 X200 Z200	快速退刀
	N130	T0303	换 03 号内圆车刀
	N140	M03 S800	主轴正转,800r/min
②ϕ22 内圆	N150	G00 X16 Z2	定位到第 1 次镗孔循环的起点
	N160	G74 R1	G74 镗孔循环指令固定格式
	N170	G74 X22 Z-38 P2000 Q2000 R0 F20	G74 镗孔循环指令固定格式
	N180	G00 X28 Z2	定位到第 2 次镗孔循环的起点
②ϕ38 内圆	N190	G74 R1	G74 镗孔循环指令固定格式
	N200	G74 X38 Z-28 P2000 Q2000 R0 F20	G74 镗孔循环指令固定格式
	N210	G00 X44 Z2	快速移动到 ϕ44 内圆右侧
	N220	G01Z-10	车削 ϕ44 内圆
③ϕ44 内圆	N230	G03 X38 Z-13 R3	车削 R3 逆时针圆弧
	N240	G01 X25 F200	降刀
	N250	G00 Z2	退出内孔
	N260	G00 X200 Z200	快速退刀
结束	N270	M05	主轴停
	N280	M30	程序结束

5. 刀具路径及切削验证

多阶台轴套零件刀具路径如图 1.98 所示。

6. 经验总结

① 运用 G74 指令进行镗孔循环时,特别要注意使用的是镗孔刀还是 90°内圆车刀进行操作,两种刀具的对刀点会有所区别。

② 根据本例题加工图的要求，需要注意钻孔的深度。

注：本例题对应《数控车床编程与操作》（第三版）（刘蔡保主编）第 76 页图 3-101。

三十二、复合内螺纹轴套零件

1. 学习目的

① 思考内轮廓加工工件的加工顺序。
② 熟练掌握钻孔的编程方法。
③ 熟练掌握通过镗孔循环指令 G74 编程的方法。
④ 掌握加工内螺纹的编程方法。
⑤ 能迅速构建编程所使用的模型。

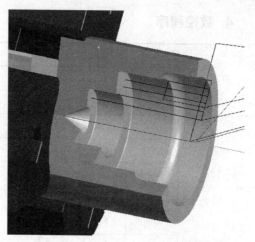

图 1.98　多阶台轴套零件刀具路径

动画演示

2. 加工图纸及要求

编制图 1.99 所示零件的加工程序：写出加工程序，毛坯为 45 铝件，X 方向精加工余量为 0.1mm，Z 方向精加工余量为 0.1mm。

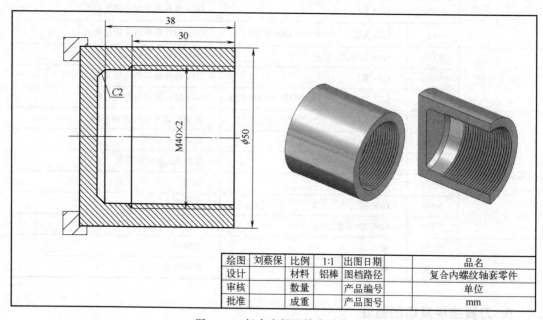

绘图	刘蔡保	比例	1:1	出图日期		品名	
设计		材料	铝棒	图档路径		复合内螺纹轴套零件	
审核		数量		产品编号		单位	
批准		成重		产品图号		mm	

图 1.99　复合内螺纹轴套零件

3. 工艺分析和模型

(1) 工艺分析

该零件表面由内外圆柱面、倒角、内螺纹等表面组成，零件图尺寸标注完整，符合数

数控车床编程练习指导与提高

控加工尺寸标注要求；轮廓描述清楚完整；零件材料为铝棒，切削加工性能较好，无热处理和硬度要求。

（2）毛坯选择

零件材料为铝棒，ϕ50mm。

（3）刀具选择

刀具号	刀具规格名称	加工内容	刀具特征	备注
T0101	硬质合金45°外圆车刀	车端面		
T0202	内螺纹刀	内螺纹		
T0303	钻头	车内轮廓		
T0404	内圆车刀	镗孔、车内轮廓	宽3mm	

（4）几何模型

本例题一次性装夹，轮廓部分采用G01、G74指令联合编程，其加工路径的模型设计如图1.100所示。

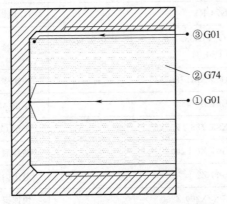

- ③G01
- ②G74
- ①G01

图1.100　几何模型和编程路径示意图

注意：因为钻孔有深度要求，镗孔前必须把尖角部分车平。

（5）数学计算

本例题中工件尺寸和坐标值明确，可直接进行编程。

4. 数控程序

开始	N010	M03 S800	主轴正转，800r/min
	N020	T0101	换01号外圆车刀
	N030	G98	指定走刀按照mm/min进给
端面	N040	G00 X60 Z0	快速定位到工件端面上方
	N050	G01 X0 F80	车端面，走刀速度为80mm/min
	N060	G00 X200 Z200	快速退刀
①钻孔	N070	T0303	换03号钻头
	N080	M03 S800	主轴正转，800r/min
	N090	G00 X0 Z2	定位孔
	N100	G01 Z−40 F15	钻孔

	N110	Z2 F100	退出孔
①钻孔	N120	G00 X200 Z200	快速退刀
	N130	T0404	换 04 号内圆车刀
	N140	M03 S800	主轴正转,800r/min
	N150	G00 X5 Z2	第 1 次定位
平孔底	N160	G01 Z−40 F15	第 1 次平孔底,为镗孔做准备
	N170	Z−30	退回孔底
	N180	X10	第 2 次定位
	N190	Z−40	第 2 次平孔底,为镗孔做准备
	N200	Z2 F300	退出孔
	N210	G00 X14 Z2	定位到镗孔循环的起点
②镗孔	N220	G74 R1	G74 镗孔循环指令固定格式
	N230	G74 X33.786 Z−40 P2000 Q2000 R0 F20	G74 镗孔循环指令固定格式
	N240	G00 X37.786 Z2	快速移动到ϕ37.786内螺纹小径内圆右侧
	N250	G01 Z−38	车削ϕ37.786内圆
③ϕ37.786 的内圆	N260	X33.786 Z−40	车削 C2 倒角
	N270	G01 X0 F200	精修底面
	N280	G00 Z2	退出内孔
	N290	G00 X200 Z200	快速退刀
	N300	T0202	换 02 号内螺纹刀
	N310	G00 X34 Z2	快速移动至内螺纹循环起点
内螺纹	N320	G76 P010360 Q100 R0.1	G76 螺纹循环指令固定格式
	N330	G76 X40 Z−30 P1107 Q500 R 0 F2	G76 螺纹循环指令固定格式
	N340	G00 X200 Z200	快速退刀
结束	N350	M05	主轴停
	N360	M30	程序结束

5. 刀具路径及切削验证

复合内螺纹轴套零件刀具路径如图 1.101 所示。

6. 经验总结

① 运用 G74 指令进行镗孔循环时,特别要注意使用的是镗孔刀还是 90°内圆车刀进行操作,两种刀具的对刀点会有所区别。

② 当内圆最深处的端面为一个整体时,建议精修一刀。

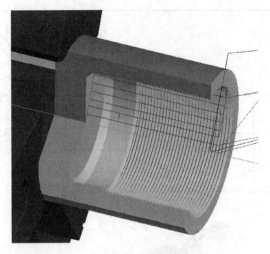

图 1.101　复合内螺纹轴套零件刀具路径

③ 根据本例题加工图的要求，需要注意钻孔的深度。

④ 内螺纹加工时需要特别注意加工图中大小径标注的位置，还需注意定位循环起点。

注：本例题对应《数控车床编程与操作》（第三版）（刘蔡保主编）第 76 页图 3-102。

三十三、复合轴锥度螺纹零件

1. 学习目的

动画演示

① 思考球头部分的相关位置如何计算。

② 熟练掌握通过外径粗车循环指令 G71 和复合轮廓粗车循环指令 G73 联合编程的方法。

③ 熟练掌握通过锥度螺纹两头延长线位置的计算方法。

④ 掌握加工锥度螺纹的编程方法。

⑤ 能迅速构建编程所使用的模型。

2. 加工图纸及要求

编制图 1.102 所示零件的加工程序：写出加工程序，X 方向精加工余量为 0.1mm，Z 方向精加工余量为 0.1mm。

3. 工艺分析和模型

(1) 工艺分析

该零件表面由外圆柱面、逆圆弧、斜锥面、锥［度］螺纹等表面组成，零件图尺寸标注完整，符合数控加工尺寸标注要求；轮廓描述清楚完整；零件材料为铝棒，切削加工性能较好，无热处理和硬度要求。

(2) 毛坯选择

零件材料为铝棒，ϕ25mm。

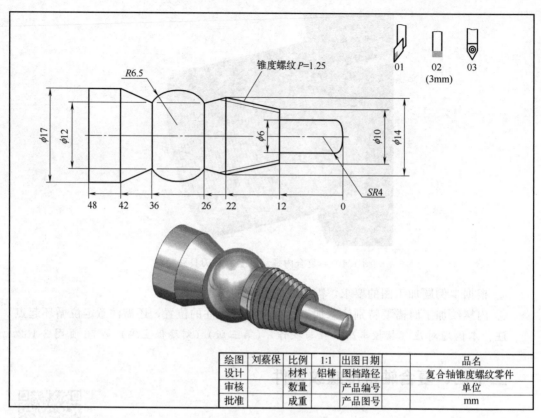

图 1.102　复合轴锥螺纹零件

绘图	刘蔡保	比例	1:1	出图日期		品名	
设计		材料	铝棒	图档路径		复合轴锥度螺纹零件	
审核		数量		产品编号		单位	
批准		成重		产品图号		mm	

（3）刀具选择

刀具号	刀具规格名称	加工内容	刀具特征	备注
T0101	硬质合金 35°外圆车刀	车端面及车轮廓		
T0202	切断刀（切槽刀）	切断	宽 3mm	
T0303	螺纹刀	外螺纹	60°牙型	

（4）几何模型

本例题一次性装夹，轮廓部分采用 G71、G73 指令联合编程，其加工路径的模型设计如图 1.103 所示。

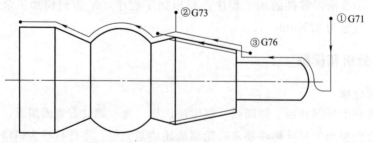

图 1.103　几何模型和编程路径示意图

（5）数学计算

本例题需要计算锥度螺纹延长线的坐标值（图 1.104），可采用三角函数、勾股定理

数控车床编程练习指导与提高

等几何知识计算，也可使用计算机制图软件（如 AutoCAD、UG、Mastercam、Solid-Works 等）的标注方法来计算。

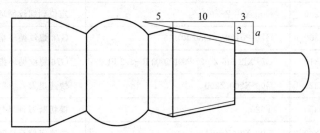

图 1.104　通过三角函数计算锥度螺纹延长线的坐标值

4. 数控程序

	N010	M03 S800	主轴正转，800r/min
开始	N020	T0101	换 01 号外圆车刀
	N030	G98	指定走刀按照 mm/min 进给
端面	N040	G00 X30 Z0	快速定位到工件端面上方
	N050	G01 X0 F80	车端面，走刀速度为 80mm/min
①G71 粗车循环	N060	G00 X30 Z2	快速定位到循环起点
	N070	G71 U3 R1	X 向每次吃刀量为 3mm，退刀为 1mm
	N080	G71 P90 Q140 U0.1 W0.1 F100	循环程序段 90～140
外轮廓	N090	G00 X－4	快速定位到相切圆弧的起点
	N100	G02 X0 Z0 R2	R2 圆弧切入，速度为 100mm/min
	N110	G03 X6 Z－[4－SQRT[4＊4－3＊3]] R4	车削 SR4 逆时针圆弧
	N120	G01 Z－12	车削 ϕ6 外圆
	N130	X10	车削锥度螺纹的右端面
	N140	X14 Z－22	车削锥度螺纹的表面
精车循环	N150	M03 S1200	提高主轴转速，1200r/min
	N160	G70 P90 Q140 F40	精车
②G73 粗车循环	N170	G00 X24Z－20	快速定位到循环起点
	N180	G73 U2 W0 R2	X 向每次吃刀量为 2mm，循环 2 次
	N190	G73 P200 Q240 U0.2 W0 F100	循环程序段 200～210
外轮廓	N200	G01 X14 Z－22	接触工件
	N210	X12 Z－26	斜向车削锥面至圆弧起点
	N220	G03 Z－36 R6.5	车削 R6.5 逆时针圆弧
	N230	G01 X17 Z－42	斜向车削锥面
	N240	Z－51	车削 ϕ17 外圆
精车循环	N250	M03 S1200	提高主轴转速，1200r/min
	N260	G70 P200 Q240 F40	精车
	N270	G00 X200 Z200	快速退刀

	N280	T0303	换 03 号螺纹刀
③G76 车螺纹	N290	G00 X16 Z−9	定位到螺纹循环的起点
	N300	G76 P010060 Q80 R0.1	G76 螺纹循环指令固定格式
	N310	G76 X12.616 Z−25 P691 Q300 R−3.2 F1.25	G76 螺纹循环指令固定格式
	N320	G00 X200 Z200	快速退刀
切断	N330	T0202	换切断刀,即切槽刀
	N340	G00 X30 Z−51	快速定位至切断处
	N350	G01 X0 F20	切断
	N360	G00 X200 Z200	快速退刀
结束	N370	M05	主轴停
	N380	M30	程序结束

5. 刀具路径及切削验证

复合轴锥度螺纹零件刀具路径如图 1.105 所示。

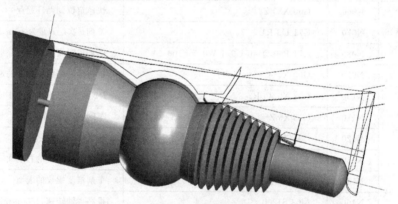

图 1.105　复合轴锥度螺纹零件刀具路径

6. 经验总结

① 本例题的轮廓部分采用 G71 和 G73 指令联合编程,可大大地缩短加工时间。

② 锥度螺纹需要两头都延长,才能保证车出符合要求的螺纹。

注:本例题对应《数控车床编程与操作》(第三版)(刘蔡保主编)第 79 页图 3-107。

三十四、双螺纹短轴零件

1. 学习目的

① 思考加工和编程的顺序。

② 熟练掌握通过外径粗车循环指令 G71 编程的方法。

动画演示

③ 熟练掌握通过锥螺纹两头延长线位置的计算方法。

④ 掌握加工螺纹退刀槽的编程方法。

⑤ 掌握加工直螺纹和锥螺纹的编程方法。

⑥ 能迅速构建编程所使用的模型。

2. 加工图纸及要求

编制图 1.106 所示零件的加工程序：写出加工程序，X 方向精加工余量为 0.1mm，Z 方向精加工余量为 0.1mm。

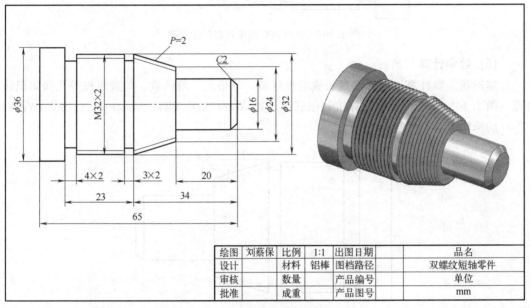

图 1.106　双螺纹短轴零件

3. 工艺分析和模型

(1) 工艺分析

该零件表面由外圆柱面、槽、直螺纹、锥度螺纹等表面组成，零件图尺寸标注完整，符合数控加工尺寸标注要求；轮廓描述清楚完整；零件材料为铝棒，切削加工性能较好，无热处理和硬度要求。

(2) 毛坯选择

零件材料为铝棒，ϕ40mm。

(3) 刀具选择

刀具号	刀具规格名称	加工内容	刀具特征	备注
T0101	硬质合金 35°外圆车刀	车端面及车轮廓		
T0202	切断刀（切槽刀）	切槽和切断	宽 3mm	
T0303	螺纹刀	外螺纹	60°牙型	

(4) 几何模型

本例题一次性装夹，轮廓部分采用 G71 指令编程，其加工路径的模型设计如图 1.107。

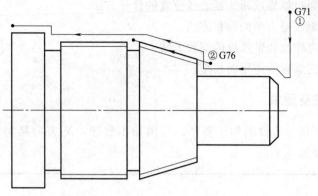

图 1.107　几何模型和编程路径示意图

(5) 数学计算

本例题需要计算锥度螺纹延长线的坐标值，可采用三角函数、勾股定理等几何知识计算（图 1.108），也可使用计算机制图软件（如 AutoCAD、UG、Mastercam、SolidWorks 等）的标注方法来计算。

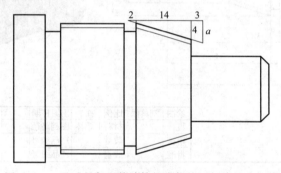

图 1.108　通过三角函数计算锥度螺纹延长线的坐标值

4. 数控程序

	N010	M03 S800	主轴正转，800r/min
开始	N020	T0101	换 01 号外圆车刀
	N030	G98	指定走刀按照 mm/min 进给
端面	N040	G00 X44 Z0	快速定位到工件端面上方
	N050	G01 X0 F80	车端面，走刀速度为 80mm/min
①G71 粗车循环	N060	G00 X44 Z3	快速定位到循环的起点
	N070	G71 U3 R1	X 向每次吃刀量为 3mm，退刀为 1mm
	N080	G71 P90 Q170 U0.1 W0.1 F100	循环程序段 90～170
外轮廓	N090	G00 X12	快速定位到相切圆弧的起点
	N100	G01 Z0	接触工件
	N110	X16 Z−2	车削 C2 倒角
	N120	Z−20	车削 φ20 外圆
	N130	X24	车削锥度螺纹的右端面

	N140	X32 Z−34	车削锥度螺纹的表面
外轮廓	N150	Z−57	车削 φ32 外圆
	N160	X36	车削 φ36 外圆的右端面
	N170	Z−68	车削 φ36 外圆
精车循环	N180	M03 S1200	提高主轴转速,1200r/min
	N190	G70 P90 Q170 F40	精车
	N200	G00 X200 Z200	快速退刀
	N210	T0202	换切断刀,即切槽刀
锥度螺纹退刀槽	N220	M03 S800	主轴正转,800r/min
	N230	G00 X35 Z−37	定位至锥度螺纹退刀槽上方
	N240	G01 X28 F20	切削退刀槽
	N250	X40 F200	抬刀
	N260	G00 Z−56	定位至加工直螺纹退刀槽第 1 刀的上方位置
	N270	G01 X28 F20	切削退刀槽
	N280	X35 F200	抬刀
直螺纹退刀槽	N290	Z−57	定位至加直螺纹退刀槽第 2 刀的上方位置
	N300	G01 X28 F20	切削退刀槽
	N310	X35 F200	抬刀
	N320	G00 X200 Z200	快速退刀
	N330	T0303	换 03 号螺纹刀
	N340	G00 X33.143 Z−17	定位到锥度螺纹循环的起点
②G76 锥度螺纹	N350	G76 P010160 Q100 R0.1	G76 螺纹循环指令固定格式
	N360	G76 X29.786 Z−35 P1107 Q500 R−5.143 F2	G76 螺纹循环指令固定格式
	N370	G00 X34 Z−35	定位到直螺纹循环起点
	N380	G76 P010060 Q100 R0.1	G76 螺纹循环指令固定格式
G76 直螺纹	N390	G76 X29.786 Z−55 P1107 Q500 R0 F2	G76 螺纹循环指令固定格式
	N400	G00 X200 Z200	快速退刀
	N410	T0202	换切断刀,即切槽刀
切断	N420	G00 X44 Z−68	快速定位至切断处
	N430	G01 X0 F20	切断
	N440	G00 X200 Z200	快速退刀
结束	N450	M05	主轴停
	N460	M30	程序结束

5. 刀具路径及切削验证

双螺纹短轴零件刀具路径如图 1.109 所示。

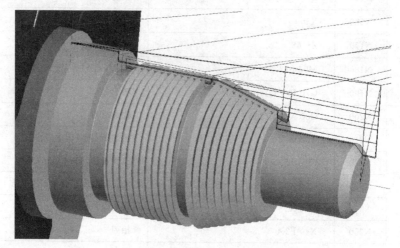

图 1.109　双螺纹短轴零件刀具路径

6. 经验总结

① 本例题的轮廓部分采用 G71 指令编程即可。

② 锥度螺纹需要两头都延长，才能保证车出符合要求的螺纹。

③ 本例题锥度螺纹要注意尾部的延长值，不要过切到直螺纹头部。

注：本例题对应《数控车床编程与操作》（第三版）（刘蔡保主编）第 79 页图 3-108。

三十五、三头螺纹复合零件

1. 学习目的

① 思考小锥面部分的相关位置如何计算。

② 熟练掌握通过复合轮廓粗车循环指令 G73 编程的方法。

③ 掌握加工螺纹退刀槽的特殊编程方法。

④ 掌握加工多头螺纹的编程方法。

⑤ 能迅速构建编程所使用的模型。

动画演示

2. 加工图纸及要求

编制图 1.110 所示零件的加工程序：写出加工程序，X 方向精加工余量为 0.1mm，Z 方向精加工余量为 0.1mm。

3. 工艺分析和模型

（1）工艺分析

该零件表面由外圆柱面、逆圆弧、斜锥面、多头螺纹等表面组成，零件图尺寸标注完

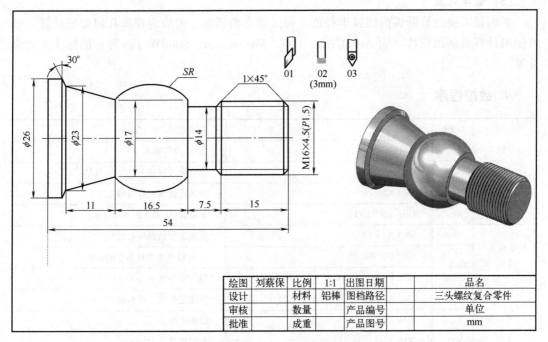

图 1.110　三头螺纹复合零件

整，符合数控加工尺寸标注要求；轮廓描述清楚完整；零件材料为铝棒，切削加工性能较好，无热处理和硬度要求。

（2）毛坯选择

零件材料为铝棒，ϕ30mm。

（3）刀具选择

刀具号	刀具规格名称	加工内容	刀具特征	备注
T0101	硬质合金35°外圆车刀	车端面及车轮廓		
T0202	切断刀（切槽刀）	切断	宽3mm	
T0303	螺纹刀	外螺纹	60°牙型	

（4）几何模型

本例题为多头螺纹示例，为方便编程，仅采用 G73 编程外圆部分，其加工路径的模型设计如图 1.111 所示。

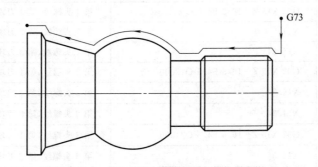

图 1.111　几何模型和编程路径示意图

(5) 数学计算

本例题需要计算圆弧的圆弧半径值，可采用三角函数、勾股定理等几何知识计算，也可使用计算机制图软件（如 AutoCAD、UG、Mastercam、SolidWorks 等）的标注方法来计算。

4. 数控程序

开始	N010	M03 S800	主轴正转，800r/min
	N020	T0101	换 01 号外圆车刀
	N030	G98	指定走刀按照 mm/min 进给
端面	N040	G00 X40 Z0	快速定位到工件端面上方
	N050	G01 X0 Z0 F80	车端面，走刀速度为 80mm/min
G73 粗车循环	N060	G00 X40 Z3	快速定位到循环起点
	N070	G73 U9 W0 R3	X 向每次吃刀量为 9mm，循环 3 次
	N080	G73 P90 Q190 U0.1 W0.1 F100	循环程序段 90～190
外轮廓	N090	G00 X14 Z1	快速定位到工件右侧
	N100	G01 Z0	接触工件
	N110	X16 Z−1	车削螺纹头 C1 倒角
	N120	Z−15	车削 ϕ16 外圆
	N130	X14 Z−16	车削螺纹尾部 C1 倒角
	N140	Z−22.5	车削 ϕ14 外圆
	N150	X17	车削圆弧的右端面
	N160	G03 Z−39 R[SQRT[8.5 * 8.5＋8.25 * 8.25]]	车削逆时针圆弧
	N170	G01 X23 Z−50	车削斜锥面
	N180	X26 Z−[[26−23]/2 * TAN30＋50]	车削小的斜锥面
	N190	Z−57	车削 ϕ26 外圆
精车循环	N200	M03 S1200	提高主轴转速，1200r/min
	N210	G70 P90 Q190 F40	精车
	N220	G00 X200 Z200	快速退刀
G92 三头螺纹	N230	T0303	换 03 号螺纹刀
	N240	G00 X18 Z3	定位到螺纹开始处
	N250	G92 X15 Z−16.5 F4.5 Q0	第 1 头螺纹，第 1 刀攻螺纹
	N260	X14.5	第 1 头螺纹，第 2 刀攻螺纹
	N270	X14.34	第 1 头螺纹，第 3 刀攻螺纹
	N280	G92 X15 Z−16.5 F4.5 Q12000	第 2 头螺纹，第 1 刀攻螺纹
	N290	X14.5	第 2 头螺纹，第 2 刀攻螺纹
	N300	X14.34	第 2 头螺纹，第 3 刀攻螺纹
	N310	G92 X15 Z−16.5 F4.5 Q24000	第 3 头螺纹，第 1 刀攻螺纹
	N320	X14.5	第 3 头螺纹，第 2 刀攻螺纹
	N330	X14.34	第 3 头螺纹，第 3 刀攻螺纹

	N340	G00 X200 Z200	快速退刀
切断	N350	T0202	换切断刀,即切槽刀
	N360	M03 S800	主轴正转,800r/min
	N370	G00 X40 Z-57	快速定位至切断处
	N380	G01 X0 F20	切断
	N390	G00 X200 Z200	快速退刀
结束	N400	M05	主轴停
	N410	M30	程序结束

5. 刀具路径及切削验证

三头螺纹复合零件刀具路径如图 1.112 所示。

6. 经验总结

① 本例题为多头螺纹示例,为方便编程,仅采用 G73 指令编程外圆部分。

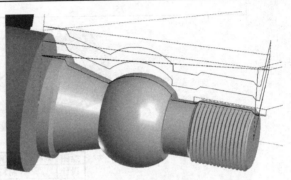

图 1.112　三头螺纹复合零件刀具路径

② 根据数控车床系统的不同,如果机床无识别多头螺纹的角度,则不能省略模态,应写完整,如下所示,这样才能让机床系统识别。

G92 X15 Z−16.5 F4.5 Q0		X14.34	Q12000
X14.5	Q0	G92 X15 Z−16.5 F4.5 Q24000	
X14.34	Q0	X14.5	Q24000
G92 X15 Z−16.5 F4.5 Q12000		X14.34	Q24000
X14.5	Q12000		

注：本例题对应《数控车床编程与操作》（第三版）（刘蔡保主编）第 81 页图 3-114。

三十六、双头螺纹复合零件

1. 学习目的

① 熟练掌握通过外径粗车循环指令 G71 和基本走刀指令联合编程的方法。

② 掌握加工螺纹退刀槽的特殊编程方法。

③ 掌握加工多头螺纹的编程方法。

④ 能迅速构建编程所使用的模型。

动画演示

2. 加工图纸及要求

编制图 1-113 所示零件的加工程序：写出加工程序，X 方向精加工余量为 0.1mm，Z 方向精加工余量为 0.1mm。

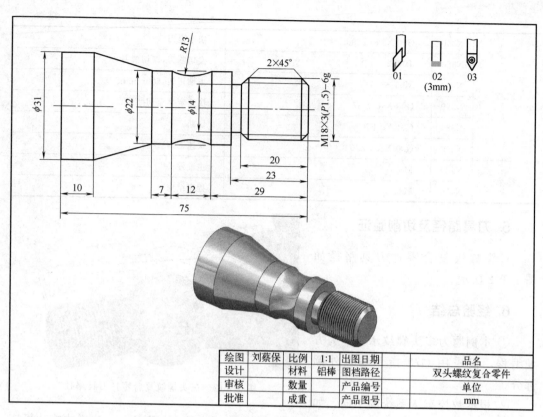

图 1.113　双头螺纹复合零件

3. 工艺分析和模型

(1) 工艺分析

该零件表面由外圆柱面、顺圆弧、斜锥面、多头螺纹等表面组成，零件图尺寸标注完整，符合数控加工尺寸标注要求；轮廓描述清楚完整；零件材料为铝棒，切削加工性能较好，无热处理和硬度要求。

(2) 毛坯选择

零件材料为铝棒，$\phi 35 \text{mm}$。

(3) 刀具选择

刀具号	刀具规格名称	加工内容	刀具特征	备注
T01	硬质合金 35°外圆车刀	车端面及车轮廓		
T02	切断刀（切槽刀）	切断	宽 3mm	
T03	螺纹刀	外螺纹	60°牙型	

(4) 几何模型

本例题一次性装夹，轮廓部分采用 G71、G01 指令联合编程，其加工路径的模型设计如图 1.114 所示。

(5) 数学计算

本例题中工件尺寸和坐标值明确，可直接进行编程。

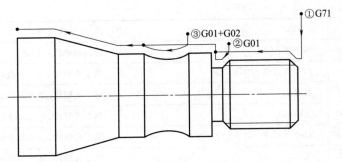

图 1.114　几何模型和编程路径示意图

4. 数控程序

	N010	M03 S800	主轴正转,800r/min
开始	N020	T0101	换 01 号外圆车刀
	N030	G98	指定走刀按照 mm/min 进给
端面	N040	G00 X40 Z0	快速定位到工件端面上方
	N050	G01 X0 F80	车端面,走刀速度为 80mm/min
①G71 粗车循环	N060	G00 X40 Z3	快速定位到循环起点
	N070	G71 U3 R1	X 向每次吃刀量为 3mm,退刀为 1mm
	N080	G71 P90 Q160 U0.1 W0.1 F100	循环程序段 90～160
外轮廓	N090	G00 X14	快速定位至工件右侧
	N100	G01 Z0	接触工件
	N110	X18 Z-2	车削螺纹头 C2 倒角
	N120	Z-23	车削 ϕ16 外圆
	N130	X22	车削 ϕ22 外圆的右端面
	N140	Z-48	车削 ϕ22 外圆
	N150	X31 Z-65	斜向车削锥度外圆
	N160	Z-78	车削 ϕ31 外圆
精车循环	N170	M03 S1200	提高主轴转速,1200r/min
	N180	G70 P90 Q160 F40	精车
②螺纹退刀槽	N190	G00 X20 Z-16	快速定位在倒角右上位置
	N200	G01 X18 Z-18 F40	接触工件,按照精车速度走刀
	N210	X14 Z-20	车削 C2 倒角
	N220	Z-23	车削 ϕ14 外圆
	N230	X24 F200	抬刀
③小圆弧	N240	G00 Z-26	快速定位到圆弧右上位置
	N250	G01 X22 Z-29	接触工件,按照精车速度走刀
	N260	G02 Z-41 R13	车削 R13 顺时针圆弧
	N270	G00 X24	抬刀
	N280	G00 X200 Z200	快速退刀

	N290	T0303	换 03 号螺纹刀
	N300	G00 X20 Z3	定位到螺纹开始处
	N310	G92 X17 Z−21 F3 Q0	第1头螺纹,第1刀攻螺纹
G92 双头螺纹	N320	X16.5	第1头螺纹,第2刀攻螺纹
	N330	X16.34	第1头螺纹,第3刀攻螺纹
	N340	G92 X17 Z−21 F3 Q18000	第2头螺纹,第1刀攻螺纹
	N350	X16.5	第2头螺纹,第2刀攻螺纹
	N360	X16.34	第2头螺纹,第3刀攻螺纹
	N370	G00 X200 Z200	快速退刀
切断	N380	T0202	换切断刀,即切槽刀
	N390	G00 X40 Z−78	快速定位至切断处
	N400	G01 X0 F20	切断
	N410	G00 X200 Z200	快速退刀
结束	N420	M05	主轴停
	N430	M30	程序结束

5. 刀具路径及切削验证

双头螺纹复合零件刀具路径如图 1.115 所示。

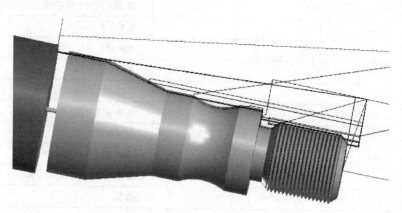

图 1.115　双头螺纹复合零件刀具路径

6. 经验总结

① 本例题中外圆部分应注意循环指令和基础指令的配合使用。

② 根据数控车系统不同,多头螺纹的角度如果机床无识别,则不能模态省略,应写完整,如下所示,这样才能让机床系统识别。

G92 X17 Z−21 F3 Q0		G92 X17 Z−21 F3 Q18000	
X16.5	Q0	X16.5	Q18000
X16.34	Q0	X16.34	Q18000

注：本例题对应《数控车床编程与操作》（第三版）（刘蔡保主编）第 82 页图 3-115。

三十七、复合椭圆轴零件

1. 学习目的

动画演示

① 思考 60°锥度圆弧如何计算。
② 熟练掌握加工椭圆的编程方法。
③ 熟练掌握通过外径粗车循环指令 G71 编程的方法。
④ 掌握加工槽的编程方法。
⑤ 能迅速构建编程所使用的模型。

2. 加工图纸及要求

编制图 1.116 所示零件的加工程序：写出加工程序，X 方向精加工余量为 0.1mm，Z 方向精加工余量为 0.1mm。

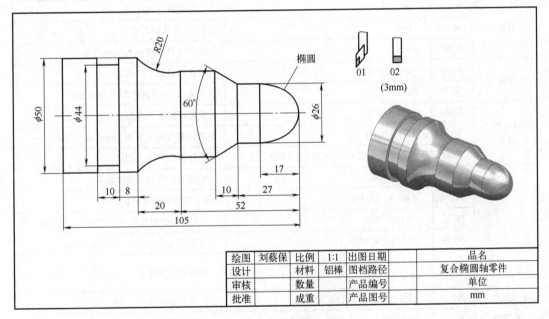

图 1.116　复合椭圆轴零件

3. 工艺分析和模型

（1）工艺分析

该零件表面由外圆柱面、椭圆弧、顺圆弧、斜锥面、槽等表面组成，零件图尺寸标注完整，符合数控加工尺寸标注要求；轮廓描述清楚完整；零件材料为铝棒，切削加工性能较好，无热处理和硬度要求。

（2）毛坯选择

零件材料为铝棒，$\phi 55$mm。

第一章　数控车床编程基础案例

（3）刀具选择

刀具号	刀具规格名称	加工内容	刀具特征	备注
T01	硬质合金 35°外圆车刀	车端面及车轮廓		
T02	切断刀（切槽刀）	切槽和切断	宽 3mm	

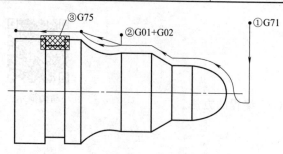

图 1.117　几何模型和编程路径示意图

（4）几何模型

本例题一次性装夹，轮廓部分采用 G71、G01 指令联合编程，其加工路径的模型设计如图 1.117 所示。

（5）数学计算

本例题需要计算锥面的坐标值，可采用三角函数、勾股定理等几何知识计算，也可使用计算机制图软件（如 AutoCAD、UG、Mastercam、SolidWorks 等）的标注方法来计算。

4. 数控程序

	N010	M03 S800	主轴正转，800r/min
开始	N020	T0101	换 01 号外圆车刀
	N030	G98	指定走刀按照 mm/min 进给
端面	N040	G00 X60 Z0	快速定位到工件端面上方
	N050	G01 X0 F80	车端面，走刀速度为 80mm/min
①G71 粗车循环	N060	G00 X60 Z2	快速定位到循环起点
	N070	G71 U3 R1	X 向每次吃刀量为 3mm，退刀为 1mm
	N080	G71 P90 Q210 U0.1 W0.1 F100	循环程序段 90～210
外轮廓	N090	G00 X−4	快速定位到相切圆弧起点
	N100	G02 X0 Z0 R2	$R2$ 过渡顺时针圆弧
	N110	＃100＝0	＃100 为中间变量，用于指定 Z 的起始位置
	N120	＃101＝＃100＋17	为椭圆公式中的 Z（＃101）赋值
	N130	＃102＝13＊SQRT[1−＃101＊＃101/[17＊17]]	椭圆的计算公式
	N140	G01 X[2＊＃102]Z[＃100]	直线拟合曲线
	N150	＃100＝＃100−0.1	Z 方向每次移动−0.1mm
	N160	IF［＃100GT−17］GOTO120	比较刀具当前是否到达 Z 向终点，如没到达，则返回 N130 反复执行，直到到达为止
	N170	Z−23	车削 $\phi26$ 外圆
	N180	X[2＊10＊TAN30＋26] Z−37	斜向车削锥度外圆
	N190	Z−52	车削 ϕ[2＊10＊TAN30＋26]外圆
	N200	X50 Z−72	斜向车削锥度外圆
	N210	Z−108	车削 $\phi50$ 外圆
精车循环	N220	M03 S1200	提高主轴转速，1200r/min
	N230	G70 P90 Q210 F40	精车

数控车床编程练习指导与提高

	N240	G00 X42 Z－52	快速移动至圆弧上方
②小圆弧	N250	G01 X[2＊10＊TAN30＋26]	接触工件
	N260	G02 X50 Z－72 R20	车削R20顺时针圆弧
	N270	G01 X54	抬刀
	N280	G00 X200 Z200	快速退刀
③宽槽	N290	T0202	换切断刀,即切槽刀
	N300	M03 S800	主轴正转,800r/min
	N310	G00 X54 Z－83	定位到宽槽循环起点
	N320	G75 R1	G75切槽循环指令固定格式
	N330	G75 X44 Z－90 P3000 Q2000 R0 F20	G75切槽循环指令固定格式
	N340	M03 S1200	提高主轴转速,1200r/min
	N350	G01 X44 F100	移至槽底
	N360	Z－90 F40	精修槽底
	N370	X60 F300	抬刀
切断	N380	T0202	换切断刀,即切槽刀
	N390	G00 Z－108	快速定位至切断处
	N400	G01 X0 F20	切断
	N410	G00 X200 Z200	快速退刀
结束	N420	M05	主轴停
	N430	M30	程序结束

5. 刀具路径及切削验证

复合椭圆轴零件刀具路径如图 1.118 所示。

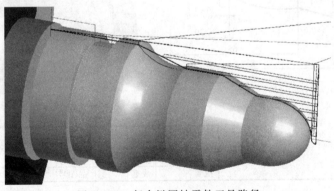

图 1.118　复合椭圆轴零件刀具路径

6. 经验总结

① 椭圆加工时采用宏程序编程的方式，是在这个阶段会接触到的宏程序，只需套用格式即可，更深入的学习可参考《数控机床宏程序编程》一书。

② 椭圆程序段是嵌套在 G71、G73 等循环内部的一段程序，只需衔接前一段刀具路

径即可。

注：本例题对应《数控车床编程与操作》（第三版）（刘蔡保主编）第 85 页图 3-121。

三十八、椭圆弧螺纹轴零件

1. 学习目的

① 思考偏心椭圆如何计算。
② 熟练掌握加工椭圆的编程方法。
③ 熟练掌握通过外径粗车循环指令 G71 和复合轮廓粗车循环指令 G73 联合编程的方法。
④ 掌握加工退刀槽和宽槽的编程方法。
⑤ 掌握加工多头螺纹的编程方法。
⑥ 能迅速构建编程所使用的模型。

动画演示

2. 加工图纸及要求

编制图 1.119 所示零件的加工程序：写出加工程序，毛坯为铝棒，X 方向精加工余量为 0.1mm，Z 方向精加工余量为 0.1mm。

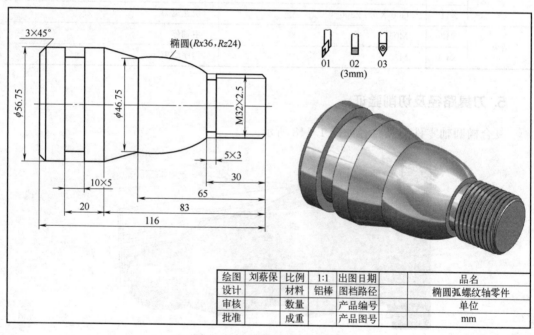

绘图	刘蔡保	比例	1:1	出图日期		品名	
设计		材料	铝棒	图档路径		椭圆弧螺纹轴零件	
审核		数量		产品编号		单位	
批准		成重		产品图号		mm	

图 1.119　椭圆弧螺纹轴零件

3. 工艺分析和模型

(1) 工艺分析

该零件表面由外圆柱面、椭圆弧、斜锥面、槽、螺纹等表面组成，零件图尺寸标注完整，符合数控加工尺寸标注要求；轮廓描述清楚完整；零件材料为铝棒，切削加工性能较

数控车床编程练习指导与提高

好，无热处理和硬度要求。

(2) 毛坯选择

零件材料为铝棒，ϕ60mm。

(3) 刀具选择

刀具号	刀具规格名称	加工内容	刀具特征	备注
T0101	硬质合金35°外圆车刀	车端面及车轮廓		
T0202	切断刀(切槽刀)	切槽和切断	宽3mm	
T0303	螺纹刀	外螺纹	60°牙型	

(4) 几何模型

本例题一次性装夹，轮廓部分采用G71、G73指令联合编程，其加工路径的模型设计如图1.120所示。

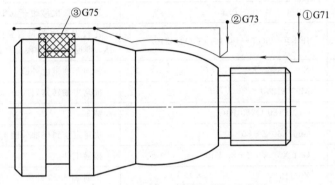

图1.120 几何模型和编程路径示意图

(5) 数学计算

本例题中工件尺寸和坐标值明确，可直接进行编程。

4. 数控程序

	N010	M03 S800	主轴正转，800r/min
开始	N020	T0101	换01号外圆车刀
	N030	G98	指定走刀按照mm/min进给
端面	N040	G00 X70 Z0	快速定位到工件端面上方
	N050	G01 X0 F80	车端面，走刀速度为80mm/min
①G71粗车循环	N060	G00 X70 Z3	快速定位到循环起点
	N070	G71 U3 R1	X向每次吃刀量为3mm，退刀为1mm
	N080	G71 P90 Q140 U0.4 W0.1 F100	循环程序段90～140
外轮廓	N090	G00 X28	快速定位到工件右侧
	N100	G01 Z0	接触工件
	N110	X32 Z−2	车削螺纹头C2倒角
	N120	Z−30	车削ϕ32外圆
	N130	X56.748	车削椭圆右端面
	N140	Z−119	车削ϕ56.75外圆

	N150	G00 X60 Z－28	快速定位到循环起点
②G73 粗车循环	N160	G73 U6 W3 R3	X 向每次吃刀量为 6mm，循环 3 次
	N170	G73 P180 Q260 U0.2 W0.2 F100	循环程序段 180～260
外轮廓	N180	G00 X36	快速定位到工件右侧
	N190	G01 X32 Z－30	接触工件
	N200	＃100＝－9.167	＃100 为中间变量，用于指定 Z 的起始位置
	N210	＃101＝＃100＋36	为椭圆公式中的 Z（＃101）赋值
	N220	＃102＝24＊SQRT［1－＃101＊＃101/ ［36＊36］］	椭圆的计算公式
	N230	G01 X［2＊＃102］Z［－30＋＃100＋ 9.167］	直线拟合曲线
	N240	＃100＝＃100－0.1	Z 方向每次移动－0.1mm
	N250	IF［＃100GT－44.167］GOTO210	比较刀具当前是否到达 Z 向终点，如不到达，则返回 N220 段反复执行，直到到达为止
	N260	X56.75 Z－83	斜向车削锥度外圆
精车循环	N270	M03 S1200	提高主轴转速，1200r/min
	N280	G70 P180 Q260 F40	精车
精车尾部外圆	N290	G00 X60 Z－80	快速定位到尾部外圆上方
	N300	G01 X56.75 Z－83 F40	接触工件
	N310	Z－119	车削 ϕ56.75 外圆
	N320	X65	抬刀
	N330	G00 X200 Z200	快速退刀
螺纹退刀槽	N340	T0202	换切断刀，即切槽刀
	N350	M03 S800	主轴正转，800r/min
	N360	G00 X36 Z－28	快速定位到加工退刀槽第 1 刀的上方位置
	N370	G01 X26 F20	切削退刀槽
	N380	X36 F100	抬刀
	N390	Z－30	快速定位到加工退刀槽第 2 刀的上方位置
	N400	G01 X26 F20	切削退刀槽
	N410	X36 F100	抬刀
③宽槽	N420	G00 X60	快速抬刀
	N430	Z－96	定位到宽槽循环的起点
	N440	G75 R1	G75 切槽循环指令固定格式
	N450	G75 X46.75 Z－103 P3000 Q2000 R0 F20	G75 切槽循环指令固定格式
	N460	M03 S1200	提高主轴转速，1200r/min
	N470	G01 X46.75 F100	移至槽底
	N480	Z－103	精修槽底
	N490	X54 F300	抬刀
	N500	G00 X200 Z200	快速退刀

	N510	T0303	换 03 号螺纹刀
G76 车螺纹	N520	G00 X33 Z3	定位到锥度螺纹循环的起点
	N530	G76 P010160 Q100 R0.1	G76 螺纹循环指令固定格式
	N540	G76 X29.233 Z－27 P1384 Q600 R0 F2.5	G76 螺纹循环指令固定格式
	N550	G00 X200 Z200	快速退刀
尾部倒角	N560	M03 S800	主轴正转，800r/min
	N570	T0202	换切断刀，即切槽刀
	N580	G00 X64 Z－119	快速定位到尾部上方
	N590	G01 X50.75 F20	切倒角让刀槽
	N600	X64 F100	抬刀
	N610	Z－116	移至倒角上方
	N620	X56.75	接触工件
	N630	X50.75 Z－119 F20	切削 C3 倒角
切断	N640	G01 X0 F20	切断
	N650	G00 X200 Z200	快速退刀
结束	N660	M05	主轴停
	N670	M30	程序结束

5. 刀具路径及切削验证

椭圆弧螺纹轴零件刀具路径如图 1.121 所示。

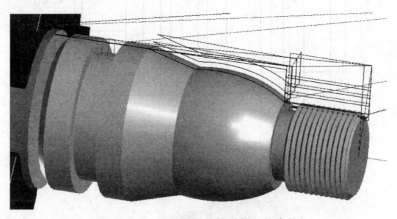

图 1.121　椭圆弧螺纹轴零件刀具路径

6. 经验总结

① 椭圆加工时采用宏程序编程的方式，是在这个阶段会接触到的宏程序编程，只需套用格式即可，更深入学习可参考《数控机床宏程序编程》一书。

② 椭圆程序段是嵌套在 G71、G73 等循环内部的一段程序，只需衔接前一段刀具路径即可。

③ 注意本例题的椭圆不是位于头部，需要考虑偏心和该如何将这个值叠加到坐标的变量上。

④ 螺纹部分的外圆不需要精车。

注： 本例题对应《数控车床编程与操作》（第三版）（刘蔡保主编）第 85 页图 3-122。

三十九、复合阶台多槽零件

动画演示

1. 学习目的

① 思考加工工序该如何安排。
② 熟练掌握倒角的设置。
③ 熟练掌握通过外径粗车循环指令 G71 和基本走刀指令联合编程的方法。
④ 掌握加工两处宽槽的编程方法。
⑤ 能迅速构建编程所使用的模型。

2. 加工图纸及要求

编制图 1.122 所示零件的加工程序：选择刀具，写出完整的加工步序和程序，毛坯为

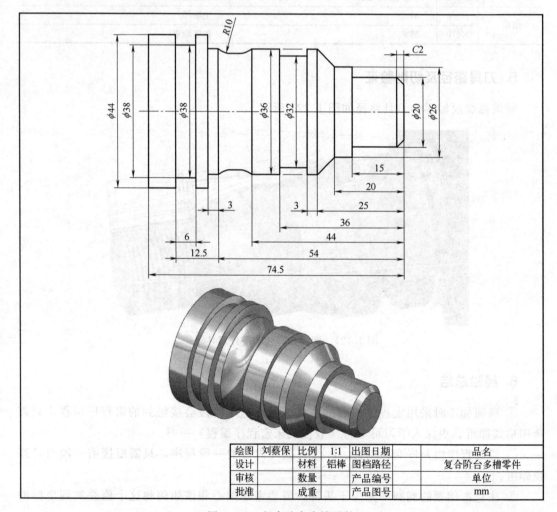

绘图	刘蔡保	比例	1:1	出图日期		品名	
设计		材料	铝棒	图档路径		复合阶台多槽零件	
审核		数量		产品编号		单位	
批准		成重		产品图号		mm	

图 1.122　复合阶台多槽零件

铝件，要求循环起始点在 $A(50，3)$，X 方向精加工余量为 $0.4\mathrm{mm}$，Z 方向精加工余量为 $0.1\mathrm{mm}$，最后切断。

3. 工艺分析和模型

(1) 工艺分析

该零件表面由外圆柱面、顺圆弧、斜锥面、倒角等表面组成，零件图尺寸标注完整，符合数控加工尺寸标注要求；轮廓描述清楚完整；零件材料为铝棒，切削加工性能较好，无热处理和硬度要求。

(2) 毛坯选择

零件材料为铝棒，$\phi 50\mathrm{mm}$。

(3) 刀具选择

刀具号	刀具规格名称	加工内容	刀具特征	备注
T0101	硬质合金35°外圆车刀	车端面及车轮廓		
T0202	切断刀（切槽刀）	切槽和切断	宽3mm	

(4) 几何模型

本例题一次性装夹，轮廓部分采用 G71、G01 指令联合编程，其加工路径的模型设计如图 1.123 所示。

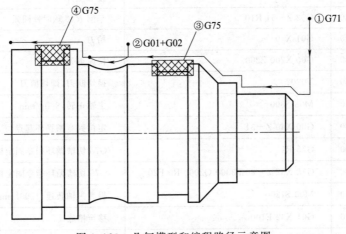

图 1.123　几何模型和编程路径示意图

(5) 数学计算

本例题中工件尺寸和坐标值明确，可直接进行编程。

4. 数控程序

开始	N010	M03 S800	主轴正转，800r/min
	N020	T0101	换01号外圆车刀
	N030	G98	指定走刀按照 mm/min 进给
端面	N040	G00 X60 Z0	快速定位到工件端面上方
	N050	G01 X0 F80	车端面，走刀速度为80mm/min

	N060	G00 X60 Z3	快速定位到循环起点
①G71 粗车循环	N070	G71 U3 R1	X 向每次吃刀量为 3mm，退刀为 1mm
	N080	G71 P90 Q180 U0.4 W0.1 F100	循环程序段 90～180
外轮廓	N090	G00 X16	快速定位到工件右侧
	N100	G01 Z0	接触工件
	N110	X20 Z−2	车削 C2 倒角
	N120	Z−15	车削 φ20 外圆
	N130	X26	车削 φ26 外圆的右端面
	N140	Z−20	车削 φ26 外圆
	N150	X36 Z−25	斜向车削锥度外圆
	N160	Z−57	车削 φ36 外圆
	N170	X44	车削 φ44 外圆的右端面
	N180	Z−77.5	车削 φ44 的外圆
精车循环	N190	M03 S1200	提高主轴转速，1200r/min
	N200	G70 P90 Q180 F40	精车
②小圆弧	N210	G00 X40 Z−44	快速移动至圆弧上方
	N220	G01 X36	接触工件
	N230	G02 Z−54 R10	车削 R10 顺时针圆弧
	N240	G01 X40	抬刀
	N250	G00 X200 Z200	快速退刀
③第 1 个宽槽	N260	T0202	换切断刀，即切槽刀
	N270	M03 S800	主轴正转，800r/min
	N280	G00 X40 Z−31	定位到宽槽循环起点
	N290	G75 R1	G75 切槽循环指令固定格式
	N300	G75 X32 Z−36 P3000 Q2000 R0 F20	G75 切槽循环指令固定格式
	N310	M03 S1200	提高主轴转速，1200r/min
	N320	G01 X32 F100	移至槽底
	N330	Z−36 F40	精修槽底
	N340	X48 F300	抬刀
④第 2 个宽槽	N350	M03 S800	主轴正转，800r/min
	N360	G00 Z−63.5	定位到宽槽循环起点
	N370	G75 R1	G75 切槽循环指令固定格式
	N380	G75 X38 Z−66.5 P3000 Q2000 R0 F20	G75 切槽循环指令固定格式
	N390	M03 S1200	提高主轴转速，1200r/min
	N400	G01 X38 F100	移至槽底
	N410	Z−66.5 F40	精修槽底
	N420	X60 F300	抬刀

	N430	M03 S800	主轴正转,800r/min
切断	N440	G00 X60 Z－77.5	快速定位至切断处
	N450	G01 X0 F20	切断
	N460	G00 X200 Z200	快速退刀
结束	N470	M05	主轴停
	N480	M30	程序结束

5. 刀具路径及切削验证

复合阶台多槽零件刀具路径如图 1.124 所示。

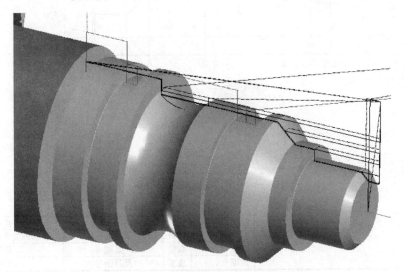

图 1.124　复合阶台多槽零件刀具路径

6. 经验总结

① 本例题的轮廓部分采用 G71、G01 指令联合编程,注意每一次的定位。

② 宽槽底部建议精修一次。

注: 本例题对应《数控车床编程与操作》(第三版)(刘蔡保主编)第 91 页图 3-133。

四十、多圆弧复合台阶轴零件

1. 学习目的

① 思考加工工序该如何安排。

② 熟练掌握通过三角函数和勾股定理计算特殊点的位置。

动画演示

③ 熟练掌握通过外径粗车循环指令 G71 和复合轮廓粗车循环指令 G73 联合编程的方法。

④ 学会不同标注标准的加工图识图。

⑤ 能迅速构建编程所使用的模型。

2. 加工图纸及要求

编制图 1.125 所示零件的加工程序：选择刀具，写出完整的加工步序和程序，毛坯为铝件，要求循环起始点在 $A(85，3)$，X 方向精加工余量为 0.4mm，Z 方向精加工余量为 0.1mm。

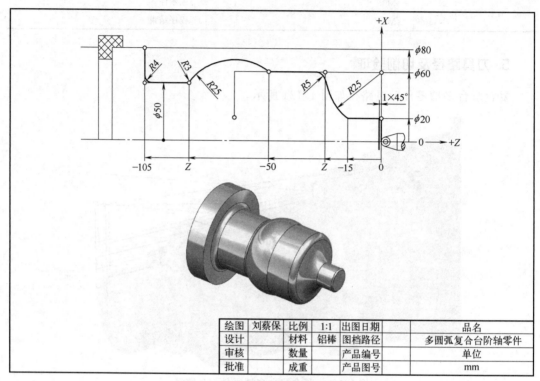

图 1.125　多圆弧复合台阶轴零件

绘图	刘蔡保	比例	1:1	出图日期		品名	
设计		材料	铝棒	图档路径		多圆弧复合台阶轴零件	
审核		数量		产品编号		单位	
批准		成重		产品图号		mm	

3. 工艺分析和模型

（1）工艺分析

该零件表面由外圆柱面、顺圆弧、逆圆弧等表面组成，零件图尺寸标注完整，符合数控加工尺寸标注要求；轮廓描述清楚完整；零件材料为铝棒，切削加工性能较好，无热处理和硬度要求。

（2）毛坯选择

零件材料为铝棒，$\phi80\text{mm}$。

（3）刀具选择

刀具号	刀具规格名称	加工内容	刀具特征	备注
T0101	硬质合金 45°外圆车刀	车端面及车轮廓		

（4）几何模型

本例题图示右侧有顶尖，不需车削断面，并且无需切断。

本例题一次性装夹，轮廓部分采用 G71、G73 指令联合编程，其加工路径的模型设计如图 1.126 所示。

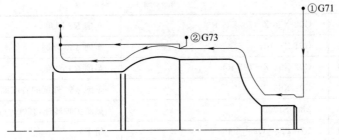

图 1.126　几何模型和编程路径示意图

(5) 数学计算

本例题需要计算圆弧的坐标值，可采用三角函数、勾股定理等几何知识计算，也可使用计算机制图软件（如 AutoCAD、UG、Mastercam、SolidWorks 等）的标注方法来计算。

4. 数控程序

	N010	M03 S800	主轴正转,800r/min
开始	N020	T0101	换 01 号外圆车刀
	N030	G98	指定走刀按照 mm/min 进给
①G71 粗车循环	N040	G00 X85 Z3	快速定位到循环起点
	N050	G71 U3 R1	X 向每次吃刀量为 3mm,退刀为 1mm
	N060	G71 P70 Q160 U0.4 W0.1 F100	循环程序段 70～160
外轮廓	N070	G00 X18	快速定位到工件右侧
	N080	G01 Z0	接触工件
	N090	X20 Z−1	车削 C1 倒角
	N100	Z−15	车削 ϕ20 外圆
	N110	G02 X51.667 Z−24.650 R25	车削 R25 顺时针圆弧
	N120	G03 X60 Z−29.580 R5	车削 R5 圆角
	N130	G01 Z−50	车削 ϕ60 外圆
	N140	X64	车削 ϕ64 外圆的右端面
	N150	Z−105	车削 ϕ64 外圆
	N160	X85	车削 ϕ80 外圆的右端面
精车循环	N170	M03 S1200	提高主轴转速,1200r/min
	N180	G70 P70 Q130 F40	精车,N140～N160 加工的外圆无需精车
②G73 粗车循环	N190	M03 S800	主轴正转,800r/min
	N200	G00 X80 Z−45	快速到定位循环起点
	N210	G73 U5 W3 R3	X 向每次吃刀量为 5mm,循环 3 次
	N220	G73 P230 Q290 U0.2 W0.2 F100	循环程序段 230～290
外轮廓	N230	G00 X65	快速定位到工件右侧
	N240	G01 X60 Z−50	接触工件
	N250	G03 X51.347 Z−73.702 R25	车削 R25 顺时针圆弧

	N260	G02 X50 Z−75.596 R3	车削 R3 圆角
外轮廓	N270	G01 Z−101	车削 ϕ50 外圆
	N280	G02 X58 Z−105 R4	车削 R4 圆角
	N290	G01 X65	车削 ϕ80 外圆的右端面
精车循环	N300	M03 S1200	提高主轴转速,1200r/min
	N310	G70 P230 Q290 F40	精车
	N320	G00 X200 Z200	快速退刀
结束	N330	M05	主轴停
	N340	M30	程序结束

5. 刀具路径及切削验证

多圆弧复合台阶轴零件刀具路径如图 1.127 所示。

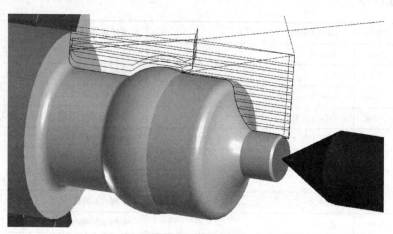

图 1.127　多圆弧复合台阶轴零件刀具路径

6. 经验总结

① 根据加工图和要求,右侧有顶尖,不需车削断面,并且无需切断。

② 本例题的轮廓部分采用 G71、G73 指令联合编程,注意 G73 指令循环的定位。

③ 编程时注意刀具和顶尖的位置关系,避免产生碰撞。

注: 本例题对应《数控车床编程与操作》(第三版)(刘蔡保主编)第 91 页图 3-134。

四十一、标准螺纹轴零件

1. 学习目的

① 思考加工和编程的顺序。

② 熟练掌握通过外径粗车循环 G71 指令和基本走刀指令联合编程的方法。

③ 掌握加工螺纹退刀槽的特殊编程方法。

动画演示

④ 掌握加工螺纹的编程方法。

⑤ 能迅速构建编程所使用的模型。

2. 加工图纸及要求

编制图 1.128 所示零件的加工程序：选择刀具；写出完整的加工步序和程序，毛坯为铝件，要求循环起始点在 $A(30，3)$，X 方向精加工余量为 0.4mm，Z 方向精加工余量为 0.1mm，最后切断。

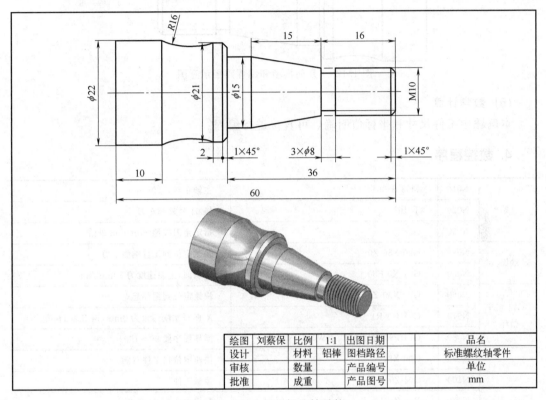

图 1.128　标准螺纹轴零件

3. 工艺分析和模型

(1) 工艺分析

该零件表面由外圆柱面、顺圆弧、斜锥面、槽、螺纹等表面组成，零件图尺寸标注完整，符合数控加工尺寸标注要求；轮廓描述清楚完整；零件材料为铝棒，切削加工性能较好，无热处理和硬度要求。

(2) 毛坯选择

零件材料为铝棒，$\phi25$mm。

(3) 刀具选择

刀具号	刀具规格名称	加工内容	刀具特征	备注
T0101	硬质合金 35°外圆车刀	车端面及车轮廓		
T0202	切断刀（切槽刀）	切槽和切断	宽 3mm	
T0303	螺纹刀	外螺纹	60°牙型	

（4）几何模型

本例题一次性装夹，轮廓部分采用 G71、G01 指令联合编程，其加工路径的模型设计如图 1.129 所示。

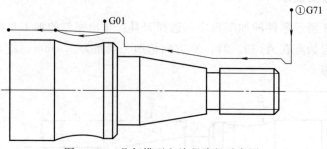

图 1.129　几何模型和编程路径示意图

（5）数学计算

本例题中工件尺寸和坐标值明确，可直接进行编程。

4. 数控程序

	N010	M03 S800	主轴正转,800r/min
开始	N020	T0101	换 01 号外圆车刀
	N030	G98	指定走刀按照 mm/min 进给
端面	N040	G00 X30 Z0	快速定位到工件端面上方
	N050	G01 X0 F80	车端面,走刀速度为 80mm/min
①G71 粗车循环	N060	G00 X30 Z3	快速定位到循环起点
	N070	G71 U3 R1	X 向每次吃刀量为 3mm,退刀为 1mm
	N080	G71 P90 Q190 U0.4 W0.1 F100	循环程序段 90～190
	N090	G00 X8	快速定位到工件右侧
	N100	G01 Z0	接触工件
	N110	X10 Z−1	车削螺纹头 $C1$ 倒角
	N120	Z−16	车削 $\phi10$ 外圆
	N130	X15 Z−31	斜向车削锥度外圆
外轮廓	N140	Z−36	车削 $\phi15$ 外圆
	N150	X19	车削 $\phi21$ 外圆的右端面
	N160	X21 Z−37	车削 $C1$ 倒角
	N170	Z−39	车削 $\phi21$ 外圆
	N180	X22 Z−50	车削圆弧顶部的锥度外圆
	N190	Z−63	车削 $\phi22$ 外圆
	N200	M03 S1200	提高主轴转速,1200r/min
精车循环	N210	G70 P90 Q190 F40	精车
	N220	G00 X200 Z200	快速退刀
②小圆弧	N230	G00 X24 Z−39	快速移动至圆弧上方
	N240	G01 X21 F40	接触工件

	N250	G02 X22 Z－50 R16	车削 R16 顺时针圆弧
②小圆弧	N260	G01 X28	抬刀
	N270	G00 X200 Z200	快速退刀
	N280	T0202	换切断刀，即切槽刀
	N290	M03 S800	主轴正转，800r/min
螺纹退刀槽	N300	G00 X14 Z－16	快速定位到退刀槽上方
	N310	G01 X8 F20	切削退刀槽
	N320	X14 F100	抬刀
	N330	G00 X200 Z200	快速退刀
	N340	T0303	换 03 号螺纹刀
	N350	G00 X14 Z3	定位到锥度螺纹循环起点
G76 车螺纹	N360	G76 P010160 Q100 R0.1	G76 螺纹循环指令固定格式
	N370	G76 X8.340 Z－14.5 P830 Q400 R0 F1.5	G76 螺纹循环指令固定格式
	N380	G00 X200 Z200	快速退刀
	N390	M03 S800	主轴正转，800r/min
	N400	T0202	换切断刀，即切槽刀
切断	N410	G00 X30 Z－63	快速定位至尾部上方
	N420	G01 X0 F20	切断
	N430	G00 X200 Z200	快速退刀
结束	N440	M05	主轴停
	N450	M30	程序结束

5. 刀具路径及切削验证

标准螺纹轴零件刀具路径如图 1.130 所示。

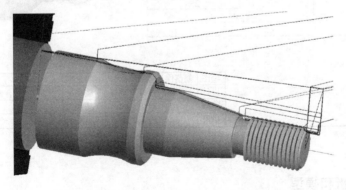

图 1.130　标准螺纹轴零件刀具路径

6. 经验总结

① 本例题的轮廓部分采用 G71、G01 指令联合编程，注意每一次的定位。

② 注意退刀槽的另一种标注方式。

注：本例题对应《数控车床编程与操作》（第三版）（刘蔡保主编）第92页图3-135。

四十二、复合螺纹循环短轴零件

1. 学习目的

① 思考加工和编程的顺序。

② 思考如何实现顺利切入 $SR50$ 的位置。

③ 熟练掌握通过三角函数和勾股定理计算特殊点的位置。

④ 熟练掌握通过外径粗车循环指令 G73 和基本走刀指令联合编程的方法。

⑤ 掌握加工螺纹的编程方法。

⑥ 掌握加工尾部倒角的特殊编程方法。

⑦ 能迅速构建编程所使用的模型。

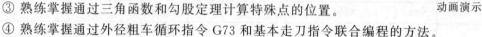
动画演示

2. 加工图纸及要求

编制图 1.131 所示零件的加工程序：选择刀具，写出完整的加工步序和程序，毛坯为铝件，要求循环起始点在 $A(40, 3)$，X 方向精加工余量为 0.4mm，Z 方向精加工余量为 0.1mm，最后切断。

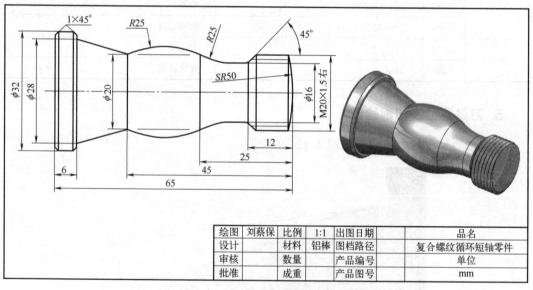

绘图	刘蔡保	比例	1:1	出图日期		品名	
设计		材料	铝棒	图档路径		复合螺纹循环短轴零件	
审核		数量		产品编号		单位	
批准		成重		产品图号		mm	

图 1.131　复合螺纹循环短轴零件

3. 工艺分析和模型

(1) 工艺分析

该零件表面由外圆柱面、顺圆弧、逆圆弧、斜锥面、螺纹等表面组成，零件图尺寸标注完整，符合数控加工尺寸标注要求；轮廓描述清楚完整；零件材料为铝棒，切削加工性能较好，无热处理和硬度要求。

（2）毛坯选择

零件材料为铝棒，ϕ35mm。

（3）刀具选择

刀具号	刀具规格名称	加工内容	刀具特征	备注
T0101	硬质合金 45°外圆车刀	车端面及车轮廓		
T0202	切断刀（切槽刀）	切断	宽 3mm	
T0303	螺纹刀	外螺纹	60°牙型	

（4）几何模型

本例题一次性装夹，轮廓部分采用 G01、G73 指令联合编程，其加工路径的模型设计如图 1.132 所示。

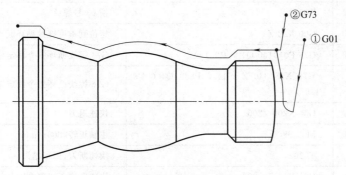

图 1.132　几何模型和编程路径示意图

（5）数学计算

本例题需要计算圆弧的坐标值，可采用三角函数、勾股定理等几何知识计算，也可使用计算机制图软件（如 AutoCAD、UG、Mastercam、SolidWorks 等）的标注方法来计算。

4. 数控程序

开始	N010	M03 S800	主轴正转，800r/min
	N020	T0101	换 01 号外圆车刀
	N030	G98	指定走刀按照 mm/min 进给
①G73 粗车循环	N040	G00 X40 Z3	快速定位到循环起点
	N050	G73 U8 W0 R3	X 向每次吃刀量为 8mm，循环 3 次
	N060	G73 P70 Q160 U0.4 W0.1 F100	循环程序段 70～160
外轮廓	N070	G00 X20 Z1	快速定位到工件右侧
	N080	G01 Z−10	车削 ϕ20 外圆
	N090	X16 Z−12	车削螺纹尾部 C2 倒角
	N100	Z−15.202	车削 ϕ16 外圆
	N110	G02 X20 Z−25 R25	车削 R25 顺时针圆弧
	N120	G03 Z−45 R25	车削 R25 逆时针圆弧
	N130	G01 X28 Z−59	斜向车削锥度外圆

	N140	X30	车削 $\phi32$ 外圆的右端面
外轮廓	N150	X32 Z−60	车削 C1 倒角
	N160	Z−68	车削 $\phi32$ 外圆
精车循环	N170	M03 S1200	提高主轴转速,1200r/min
	N180	G70 P70 Q160 F40	精车
②G01 球头圆弧	N190	G00 X−4 Z2	快速定位到相切圆弧起点
	N200	G02 X0 Z0 R2 F40	车削 R2 顺时针过渡圆弧
	N210	G03 X20 Z−[50−SQRT[50＊50−10＊10]] R50	车削 R50 逆时针圆弧
	N220	G00 X200 Z200	快速退刀
G76 车螺纹	N230	T0303	换 03 号螺纹刀
	N240	G00 X22 Z3	定位到锥度螺纹循环起点
	N250	G76 P010160 Q100 R0.1	G76 螺纹循环指令固定格式
	N260	G76 X18.340 Z−14.5 P830 Q400 R0 F1.5	G76 螺纹循环指令固定格式
	N270	G00 X200 Z200	快速退刀
尾部倒角	N280	M03 S800	主轴正转,800r/min
	N290	T0202	换切断刀,即切槽刀
	N300	G00 X40 Z−68	快速定位至尾部上方
	N310	G01 X30 F20	切倒角让刀槽
	N320	X40 F100	抬刀
	N330	Z−67	移至倒角上方
	N340	X32	接触工件
	N350	X30 Z−68 F20	切削 C_1 倒角
切断	N360	G01 X0 F20	切断
	N370	G00 X200 Z200	快速退刀
结束	N380	M05	主轴停
	N390	M30	程序结束

5. 刀具路径及切削验证

复合螺纹循环短轴刀具路径如图 1.133 所示。

6. 经验总结

① 本例题的头部由于切削量小,一刀即可完成,因此不需用循环。

② 本例题的轮廓大部分采用 G73 循环指令加工,可以思考有没有能缩短加工时间的编程路径。

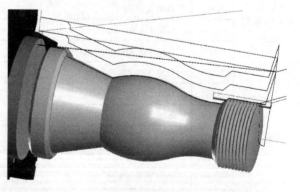

图 1.133 复合螺纹循环短轴零件刀具路径

注：本例题对应《数控车床编程与操作》（第三版）（刘蔡保主编）第 92 页图 3-136。

四十三、梯形槽螺纹轴零件

1. 学习目的

动画演示

① 思考加工和编程的顺序。

② 思考如何实现顺利切入 $SR50$ 的位置。

③ 熟练掌握通过三角函数和勾股定理计算特殊点的位置。

④ 熟练掌握通过外径粗车循环指令 G71 和基本走刀指令联合编程的方法。

⑤ 掌握加工螺纹退刀槽的编程方法。

⑥ 熟练掌握加工梯形槽的编程方法。

⑦ 掌握加工螺纹的编程方法。

⑧ 掌握钻孔的操作，熟知如何排屑、降温。

⑨ 掌握加工尾部倒角的特殊编程方法。

⑩ 能迅速构建编程所使用的模型。

2. 加工图纸及要求

编制图 1.134 所示零件的加工程序：选择刀具，写出完整的加工步序和程序，毛坯为铝件，要求循环起始点在 $A(35，3)$，X 方向精加工余量为 0.4mm，Z 方向精加工余量为 0.1mm，最后切断。

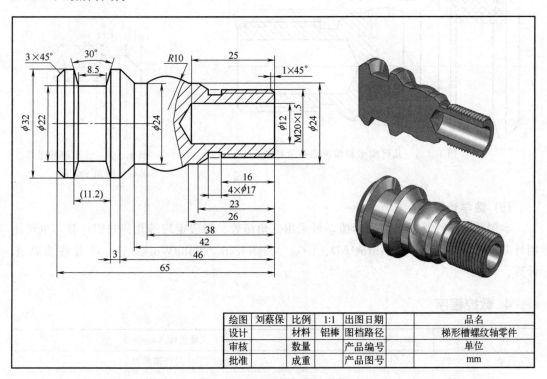

绘图	刘蔡保	比例	1:1	出图日期		品名	
设计		材料	铝棒	图档路径		梯形槽螺纹轴零件	
审核		数量		产品编号		单位	
批准		成重		产品图号		mm	

图 1.134　梯形槽螺纹轴零件

第一章　数控车床编程基础案例

3. 工艺分析和模型

(1) 工艺分析

该零件表面由外圆柱面、逆圆弧、斜锥面、槽、倒角、孔等表面组成，零件图尺寸标注完整，符合数控加工尺寸标注要求；轮廓描述清楚完整；零件材料为铝棒，切削加工性能较好，无热处理和硬度要求。

(2) 毛坯选择

零件材料为铝棒，ϕ34mm。

(3) 刀具选择

刀具号	刀具规格名称	加工内容	刀具特征	备注
T01	硬质合金 35°外圆车刀	车端面及车轮廓		
T02	切断刀（切槽刀）	切槽和切断	宽 3mm	
T03	螺纹刀	外螺纹	60°牙型	
T04	钻头	钻孔	118°麻花钻	ϕ12mm

(4) 几何模型

本例题一次性装夹，轮廓部分采用 G71、G73 指令联合编程，其加工路径的模型设计如图 1.135 与图 1.136 所示。

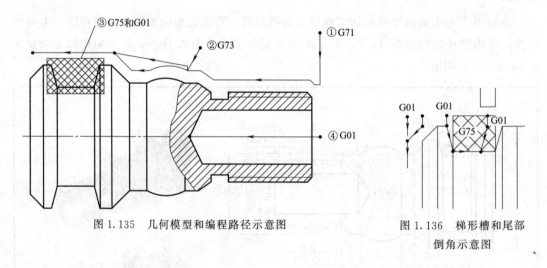

图 1.135　几何模型和编程路径示意图　　　图 1.136　梯形槽和尾部
　　　　　　　　　　　　　　　　　　　　　　　　倒角示意图

(5) 数学计算

本例题需要计算圆弧的坐标值，可采用三角函数、勾股定理等几何知识计算，也可使用计算机制图软件（如 AutoCAD、UG、Mastercam、SolidWorks 等）的标注方法来计算。

4. 数控程序

	N010	M03 S800	主轴正转,800r/min
开始	N020	T0101	换 01 号外圆车刀
	N030	G98	指定走刀按照 mm/min 进给

	N040	G00 X40 Z0	快速定位到工件端面上方
端面	N050	G01 X0 F80	车端面,走刀速度为 80mm/min
①G71 粗车循环	N060	G00 X35 Z3	快速定位到循环起点
	N070	G71 U3 R1	X 向每次吃刀量为 3mm,退刀为 1mm
	N080	G71 P90 Q170 U0.4 W0.1 F100	循环程序段 90～170
外轮廓	N090	G00 X18	快速定位到工件右侧
	N100	G01 Z0	接触工件
	N110	X20 Z−1	车削螺纹头 C1 倒角
	N120	Z−20	车削 ϕ20 外圆
	N130	X24 Z−23	斜向车削锥度外圆
	N140	Z−26	车削 ϕ24 外圆
	N150	X28	车削圆弧的右端
	N160	X32 Z−46	斜向车削锥度外圆
	N170	Z−68	车削 ϕ32 外圆
②G73 粗车循环	N180	G00 X36 Z−23	快速定位到循环起点
	N190	G73 U4 W0 R3	X 向每次吃刀量为 4mm,循环 3 次
	N200	G73 P210 Q240 U0.2 W0.2 F100	循环程序段 210～240
外轮廓	N210	G01 X24 Z−26	接触工件
	N220	G03 Z−38 R10	车削 R10 逆时针圆弧
	N230	G01 Z−42	车削 ϕ24 外圆
	N240	X32 Z−46	斜向车削锥度外圆
精车	N250	M03 S1200	提高主轴转速,1200r/min
	N260	G00 Z3	退刀
	N270	X18	快速定位到工件右侧
	N280	G01 Z0	接触工件
	N290	X20 Z−1	车削螺纹头 C1 倒角
	N300	Z−20	车削 ϕ20 外圆
	N310	X24 Z−23	斜向车削锥度外圆
	N320	Z−26	车削 ϕ24 外圆
	N330	G03 Z−38 R10	车削 R10 逆时针圆弧
	N340	G01 Z−42	车削 ϕ24 外圆
	N350	X32 Z−46	斜向车削锥度外圆
	N360	Z−68	车削 ϕ32 外圆
	N370	G00 X200 Z200	快速退刀
螺纹退刀槽	N380	T0202	换切断刀,即切槽刀
	N390	M03 S800	主轴正转,800r/min
	N400	G00 X23 Z−21	快速定位到加工退刀槽第 1 刀的上方位置
	N410	G01 X17 F20	切削退刀槽

	N420	X23 F100	抬刀
螺纹退刀槽	N430	Z−22	快速定位到加工退刀槽第 2 刀的上方位置
	N440	G01 X17 F20	切削退刀槽
	N450	X23 F100	抬刀
③梯形槽	N460	G00 X36	快速抬刀
	N470	Z−53.340	定位到梯形槽中间区域循环起点
	N480	G75 R1	G75 切槽循环指令固定格式
	N490	G75 X22 Z−58.840 P3000 Q2000 R0 F20	G75 切槽循环指令固定格式
	N500	G00 Z−52	定位到梯形槽右侧上方
	N510	G01 X32 F80	接触工件
	N520	X22 Z−53.340 F20	车削梯形槽右侧锥面
	N530	X36 F200	抬刀
	N540	Z−61.079	定位在梯形槽左侧上方
	N550	X32 F80	接触工件
	N560	X22 Z−58.840	车削梯形槽左侧锥面
	N570	M03 S1200	提高主轴转速,1200r/min
	N580	Z−53.340 F40	精车槽底
	N590	X36 F300	抬刀
	N600	G00 X200 Z200	快速退刀
G76 车螺纹	N610	T0303	换 03 号螺纹刀
	N620	G00 X23 Z3	定位锥度螺纹循环起点
	N630	G76 P010160 Q100 R0.1	G76 螺纹循环指令固定格式
	N640	G76 X18.340 Z−18 P830 Q400 R0 F1.5	G76 螺纹循环指令固定格式
	N650	G00 X200 Z200	快速退刀
④钻孔	N660	T0404	换 04 号钻头
	N670	M03 S800	主轴正转,800r/min
	N680	G00 X0 Z2	定位孔
	N690	G01 Z−28.040 F15	钻孔,根据钻头角度计算钻深
	N700	Z2 F100	退出孔
	N710	G00 X200 Z200	快速退刀
尾部倒角	N720	M03 S800	主轴正转,800r/min
	N730	T0202	换切断刀,即切槽刀
	N740	G00 X36 Z−68	快速定位至尾部上方
	N750	G01 X26 F20	切倒角让刀槽
	N760	X36 F100	抬刀
	N770	Z−65	移至倒角上方

尾部倒角	N780	X32	接触工件
	N790	X26 Z−68 F20	切削 C3 倒角
切断	N800	G01 X0 F20	切断
	N810	G00 X200 Z200	快速退刀
结束	N820	M05	主轴停
	N830	M30	程序结束

5. 刀具路径及切削验证

梯形槽螺纹轴零件刀具路径如图 1.137 所示。

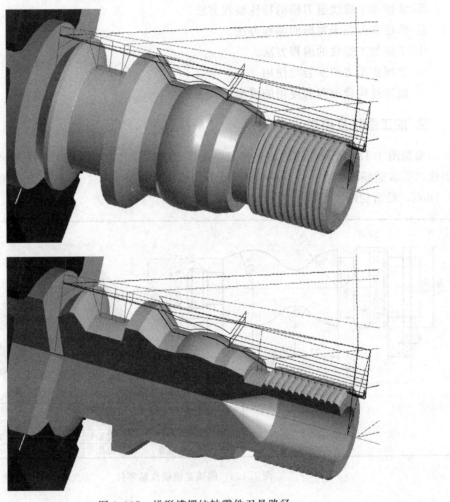

图 1.137　梯形槽螺纹轴零件刀具路径

6. 经验总结

① 本例题中外轮廓注意规划 G71 和 G73 指令车削部分是关键。

② 梯形槽区域由 G75 切槽循环指令和 G01 联合完成，记住槽底必须精修。

注：本例题对应《数控车床编程与操作》（第三版）（刘蔡保主编）第 92 页图 3-137。

四十四、圆弧宽槽螺纹轴零件

1. 学习目的

动画演示

① 思考加工和编程的顺序。

② 思考如何实现多圆弧外圆的连续性问题。

③ 熟练掌握通过三角函数和勾股定理计算特殊点的位置。

④ 熟练掌握通过外径粗车循环指令 G71、复合轮廓粗车循环指令 G73 和基本走刀指令联合编程的方法。

⑤ 掌握加工螺纹退刀槽的特殊编程方法。

⑥ 熟练掌握加工宽槽的编程方法。

⑦ 掌握加工螺纹的编程方法。

⑧ 掌握正车刀的安装与使用。

⑨ 能迅速构建编程所使用的模型。

2. 加工图纸及要求

编制图 1.138 所示零件的加工程序：选择刀具，写出完整的加工步序和程序，毛坯为铝件，要求循环起始点在 $A(46,3)$，X 方向精加工余量为 0.4mm，Z 方向精加工余量为 0.1mm，最后切断。

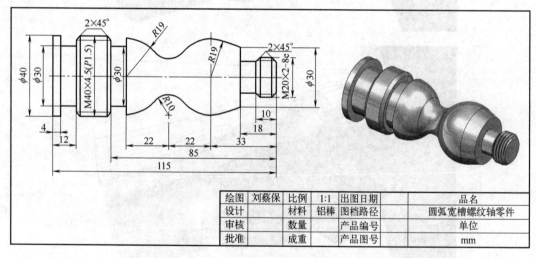

绘图	刘蔡保	比例	1:1	出图日期		品名	
设计		材料	铝棒	图档路径		圆弧宽槽螺纹轴零件	
审核		数量		产品编号		单位	
批准		成重		产品图号		mm	

图 1.138　圆弧宽槽螺纹轴零件

3. 工艺分析和模型

(1) 工艺分析

该零件表面由外圆柱面、斜锥面、顺圆弧、逆圆弧、多组槽、螺纹等表面组成，零件图尺寸标注完整，符合数控加工尺寸标注要求；轮廓描述清楚完整；零件材料为铝棒，切削加工性能较好，无热处理和硬度要求。

(2) 毛坯选择

零件材料为铝棒，ϕ42mm。

(3) 刀具选择

刀具号	刀具规格名称	加工内容	刀具特征	备注
T0101	硬质合金 45°外圆车刀	车端面及车轮廓		
T0202	切断刀（切槽刀）	切断	宽 3mm	
T0303	螺纹刀	外螺纹	60°牙型	
T0404	正车刀	车圆弧轮廓		

(4) 几何模型

本例题一次性装夹，轮廓部分采用 G71、G73、G01 指令编程，其加工路径的模型设计如图 1.139 所示。

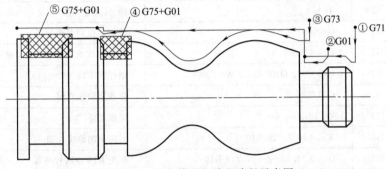

图 1.139　几何模型和编程路径示意图

(5) 数学计算

本例题需要计算圆弧的坐标值，可采用三角函数、勾股定理等几何知识计算，也可使用计算机制图软件（如 AutoCAD、UG、Mastercam、SolidWorks 等）的标注方法来计算。

4. 数控程序

开始	N010	M03 S800	主轴正转，800r/min
	N020	T0101	换 01 号外圆车刀
	N030	G98	指定走刀按照 mm/min 进给
端面	N040	G00 X50 Z0	快速定位到工件端面上方
	N050	G01 X0 F80	车端面，走刀速度为 80mm/min
①G71 粗车循环	N060	G00 X46 Z3	快速定位到循环起点
	N070	G71 U3 R1	X 向每次吃刀量为 3mm，退刀为 1mm
	N080	G71 P90 Q160 U0.4 W0.1 F100	循环程序段 90～160
外轮廓	N090	G00 X16	快速定位到工件右侧
	N100	G01 Z0	接触工件
	N110	X20 Z−2	车削螺纹头 C2 倒角
	N120	Z−18	车削 ϕ20 外圆
	N130	X38	车削至锥面的右端

	N140	Z−85	车削 φ38 外圆
外轮廓	N150	X40	车削 φ40 外圆的右端
	N160	Z−118	车削 φ40 外圆
②螺纹退刀槽	N170	M03 S1200	提高主轴转速，1200r/min
	N180	G00 X22 Z−8	快速定位至退刀槽右上方
	N190	G01 X20 F60	接触工件，X 向留 0.4mm 的余量
	N200	X16 Z−10	车削倒角，X 向留 0.4mm 的余量
	N210	Z−18	车削 φ16 外圆，X 向留 0.4mm 的余量
	N220	X42 F300	抬刀
	N230	G00 X200 Z200	快速退刀
③G73 粗车循环	N240	M03 S800	主轴正转，800r/min
	N250	T0404	换 04 号正车刀
	N260	G00 X45 Z−16	快速定位到循环起点
	N270	G73 U8 W0 R4	X 向每次吃刀量为 8mm，循环 4 次
	N280	G73 P290 Q360 U0.2 W0 F100	循环程序段 290～360
外轮廓	N290	G01 X30	移动至圆弧右侧
	N300	Z−18	接触工件
	N310	X36.016 Z−26.942	斜向车削锥度外圆
	N320	G03 X24.758 Z−47.414 R19	车削 R19 逆时针圆弧
	N330	G02 Z−62.586 R10	车削 R10 顺时针圆弧
	N340	G03 X38 Z−80 R19	车削 R19 逆时针圆弧
	N350	G01 X36 Z−85	斜向车削至倒角处
	N360	X40 Z−87	车削 C2 倒角
精车循环	N370	M03 S1200	提高主轴转速，1200r/min
	N380	G70 P290 Q360 F40	精车
	N390	G00 X200 Z200	快速退刀
G76 车螺纹	N400	T0303	换 03 号螺纹刀
	N410	G00 X23 Z3	定位锥度螺纹循环起点
	N420	G76 P010160 Q100 R0.1	G76 螺纹循环指令固定格式
	N430	G76 X17.786 Z−12 P1107 Q500 R0 F2	G76 螺纹循环指令固定格式
	N440	G00 X200 Z200	快速退刀
④第 1 个宽槽	N450	T0202	换切断刀，即切槽刀
	N460	M03 S800	主轴正转，800r/min
	N470	G00 X44 Z−80	定位到第 1 个宽槽的循环起点
	N480	G75 R1	G75 切槽循环指令固定格式
	N490	G75 X30 Z−85 P3000 Q2000 R0 F20	G75 切槽循环指令固定格式
	N500	M03 S1200	提高主轴转速，1200r/min
	N510	G01 X30 F100	移至槽底

数控车床编程练习指导与提高

④第1个 宽槽	N520	Z-85	精修槽底
	N530	X44 F300	抬刀
⑤第2个宽槽 和小倒角	N540	M03 S800	主轴正转,800r/min
	N550	G00 X44 Z-102	定位到第2个宽槽的循环起点
	N560	G75 R1	G75切槽循环指令固定格式
	N570	G75 X30 Z-111 P3000 Q2000 R0 F20	G75切槽循环指令固定格式
	N580	M03 S1200	提高主轴转速,1200r/min
	N590	G01 Z-100 F100	移至倒角上方
	N600	X40	接触工件
	N610	X36 Z-103	车削C2倒角
	N620	X30	移至槽底
	N630	Z-111 F40	精修槽底
	N640	X44 F300	抬刀
切断	N650	M03 S800	主轴正转,800r/min
	N660	G00 Z-118	快速定位至切断处
	N670	G01 X0 F20	切断
	N680	G00 X200 Z200	快速退刀
结束	N690	M05	主轴停
	N700	M30	程序结束

5. 刀具路径及切削验证

圆弧宽槽螺纹轴零件刀具路径如图1.140所示。

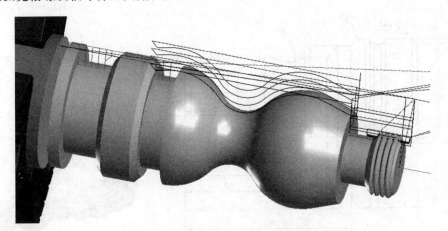

图1.140 圆弧宽槽螺纹轴零件刀具路径

6. 经验总结

① 本例题外轮廓加工需要考虑到车刀的后角干涉问题,因此,中间圆弧区域采用正车刀加工。

② 轮廓部分采用 G71 和 G73 指令联合编程时，需要考虑如何定位和走刀能够有效地避免接刀痕。

③ 第 2 个宽槽右侧的倒角用切槽刀完成，这也是常用的倒角加工方法。

注：本例题对应《数控车床编程与操作》（第三版）（刘蔡保主编）第 93 页图 3-138。

四十五、复合螺纹标准轴零件

1. 学习目的

动画演示

① 思考加工和编程的顺序。

② 思考如何判断 $R7$ 圆弧的起点、终点位置。

③ 熟练掌握通过三角函数和勾股定理计算特殊点的位置。

④ 熟练掌握通过外径粗车循环指令 G71 和基本走刀指令的方法。

⑤ 熟练掌握加工螺纹退刀槽的编程方法。

⑥ 熟练掌握加工梯形槽的编程方法。

⑦ 掌握加工螺纹的编程方法。

⑧ 掌握加工尾部倒角的编程方法。

⑨ 能迅速构建编程所使用的模型。

2. 加工图纸及要求

编制图 1.141 所示零件的加工程序：选择刀具，写出完整的加工步序和程序，毛坯为铝件，要求循环起始点在 $A(46，3)$，X 方向精加工余量为 0.4mm，Z 方向精加工余量为 0.1mm，最后切断。

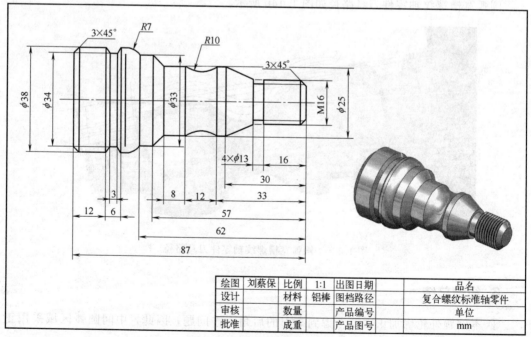

图 1.141 复合螺纹标准轴零件

3. 工艺分析和模型

(1) 工艺分析

该零件表面由外圆柱面、顺圆弧、逆圆弧、斜锥面、倒角、多组槽、螺纹等表面组成，零件图尺寸标注完整，符合数控加工尺寸标注要求；轮廓描述清楚完整；零件材料为铝棒，切削加工性能较好，无热处理和硬度要求。

(2) 毛坯选择

零件材料为铝棒，ϕ40mm。

(3) 刀具选择

刀具号	刀具规格名称	加工内容	刀具特征	备注
T0101	硬质合金 45°外圆车刀	车端面及车轮廓		
T0202	切断刀(切槽刀)	切断	宽 3mm	
T0303	螺纹刀	外螺纹	60°牙型	

(4) 几何模型

本例题一次性装夹，轮廓部分采用 G71、G01 指令联合循环编程，其加工路径的模型设计如图 1.142 所示。

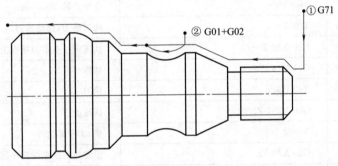

图 1.142　几何模型和编程路径示意图

(5) 数学计算

本例题中工件尺寸和坐标值明确，可直接进行编程。

4. 数控程序

	N010	M03 S800	主轴正转，800r/min
开始	N020	T0101	换 01 号外圆车刀
	N030	G98	指定走刀按照 mm/min 进给
端面	N040	G00 X50 Z0	快速定位到工件端面上方
	N050	G01 X0 F80	车端面，走刀速度为 80mm/min
①G71 粗车循环	N060	G00 X46 Z3	快速定位到循环起点
	N070	G71 U3 R1	X 向每次吃刀量为 3mm，退刀为 1mm
	N080	G71 P90 Q180 U0.4 W0.1 F100	循环程序段 90～180
外轮廓	N090	G00 X10	快速定位到工件右侧
	N100	G01 Z0	接触工件

	N110	X16 Z−3	车削螺纹头 C3 倒角
	N120	Z−20	车削 φ16 外圆
	N130	X25 Z−30	斜向车削锥度外圆
	N140	Z−53	车削 φ25 外圆
外轮廓	N150	X33 Z−57	斜向车削锥度外圆
	N160	Z−62	车削 φ33 外圆
	N170	G03 X38 Z−67.362 R7	车削 R7 逆时针圆弧
	N180	G01 Z−90	车削 φ38 外圆
精车循环	N190	M03 S1200	提高主轴转速,1200r/min
	N200	G70 P90 Q180 F40	精车
	N210	G00 X28 Z−30	快速定位至退刀槽右上方
	N220	G01 X25 Z−33 F40	接触工件
②小圆弧	N230	G02 Z−45 R10	车削 R10 顺时针圆弧
	N240	G01 X30 F300	抬刀
	N250	G00 X200 Z200	快速退刀
	N260	M03 S800	主轴正转,800r/min
	N270	T0202	换切断刀,即切槽刀
螺纹退刀槽	N280	G00 X20 Z−20	快速定位至退刀槽右上方
	N290	G01 X13 F20	切槽
	N300	X42 F300	抬刀
	N310	G00 X200 Z200	快速退刀
	N320	T0303	换 03 号螺纹刀
	N330	G00 X20 Z3	定位到锥度螺纹循环起点
G76 车螺纹	N340	G76 P010160 Q100 R0.1	G76 螺纹循环指令固定格式
	N350	G76 X13.786 Z−18 P1107 Q500 R0 F2	G76 螺纹循环指令固定格式
	N360	G00 X200 Z200	快速退刀
	N370	T0202	换切断刀,即切槽刀
	N380	M03 S800	主轴正转,800r/min
	N390	G00 X42 Z−73.5	快速定位至梯形槽上方
	N400	G01 X34 F20	切槽
	N410	X42 F200	抬刀
	N420	Z−72	定位到梯形槽右侧上方
梯形槽	N430	X38 F80	接触工件
	N440	X34 Z−73.5 F20	车削梯形槽右侧锥面
	N450	X42 F200	抬刀
	N460	Z−75	定位到梯形槽左侧上方
	N470	X38 F80	接触工件
	N480	X34 Z−73.5 F20	车削梯形槽左侧锥面
	N490	X45 F300	抬刀

	N500	G00 X45 Z－90	快速定位至尾部上方
尾部倒角	N510	G01 X32 F20	切倒角让刀槽
	N520	X45 F100	抬刀
	N530	Z－87	移至倒角上方
	N540	X38	接触工件
	N550	X32 Z－90 F20	切削 C3 倒角
切断	N560	G01 X0 F20	切断
	N570	G00 X200 Z200	快速退刀
结束	N580	M05	主轴停
	N590	M30	程序结束

5. 刀具路径及切削验证

复合螺纹标准轴零件刀具路径如图 1.143 所示。

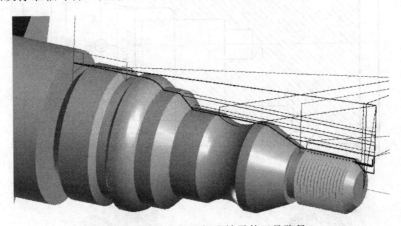

图 1.143　复合螺纹标准轴零件刀具路径

6. 经验总结

① 本例题中外轮廓加工需要考虑是否有必要使用 G73 指令加工 G71 指令未完成的区域。

② 注意尾部倒角的编程方法。

注：本例题对应《数控车床编程与操作》（第三版）（刘蔡保主编）第 93 页图 3-139。

四十六、复合轮廓梯形槽零件

1. 学习目的

① 思考加工和编程的顺序。

② 思考如何判断 $R10$ 圆弧的起点、终点位置。

动画演示

③ 熟练掌握通过三角函数和勾股定理计算特殊点的位置。

④ 熟练掌握通过外径粗车循环指令 G71 加工内圆的编程特殊用法，了解 G71 指令也可以加工内轮廓。

⑤ 熟练钻孔的编程和操作方法。

⑥ 能迅速构建编程所使用的模型。

2. 加工图纸及要求

编制图 1.144 所示零件的加工程序：选择刀具，写出完整的加工步序和程序，毛坯为铝件，要求循环起始点在 $A(90，3)$，X 方向精加工余量为 0.4mm，Z 方向精加工余量为 0.1mm。

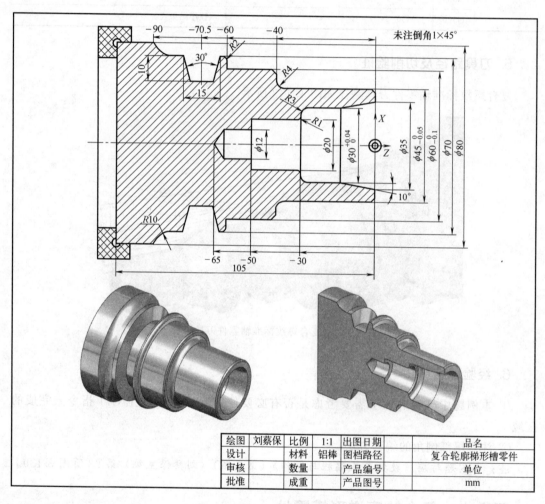

绘图	刘蔡保	比例	1:1	出图日期		品名	
设计		材料	铝棒	图档路径		复合轮廓梯形槽零件	
审核		数量		产品编号		单位	
批准		成重		产品图号		mm	

图 1.144 复合轮廓梯形槽零件

3. 工艺分析和模型

(1) 工艺分析

该零件表面由内外圆柱面、顺圆弧、逆圆弧、斜锥面、槽等表面组成，零件图尺寸标注完整，符合数控加工尺寸标注要求；轮廓描述清楚完整；零件材料为铝棒，切削加工性能较好，无热处理和硬度要求。

（2）毛坯选择

零件材料为铝棒，ϕ80mm。

（3）刀具选择

刀具号	刀具规格名称	加工内容	刀具特征	备注
T0101	硬质合金 35°外圆车刀	车端面及车轮廓		
T0202	切断刀（切槽刀）	切槽	宽 3mm	
T0303	钻头	钻孔	118°麻花钻	ϕ12mm
T0404	内圆车刀	车内圆轮廓	水平安装	

（4）几何模型

本例题一次性装夹，不需切断。轮廓部分采用 G71、G01 指令联合编程，其加工路径的模型设计如图 1.145 所示。

（5）数学计算

本例题需要计算圆弧的坐标值，可采用三角函数、勾股定理等几何知识计算，也可使用计算机制图软件（如 AutoCAD、UG、Mastercam、SolidWorks 等）的标注方法来计算。

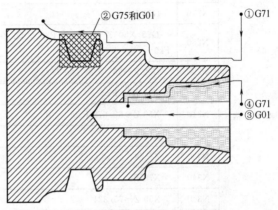

图 1.145　几何模型和编程路径示意图

4. 数控程序

	N010	M03 S800	主轴正转，800r/min
开始	N020	T0101	换 01 号外圆车刀
	N030	G98	指定走刀按照 mm/min 进给
端面	N040	G00 X90 Z0	快速定位到工件端面上方
	N050	G01 X0 F80	车端面，走刀速度为 80mm/min
①G71 粗车循环	N060	G00 X90 Z3	快速定位到循环起点
	N070	G71 U3 R1	X 向每次吃刀量为 3mm，退刀为 1mm
	N080	G71 P90 Q200 U0.4 W0.1 F100	循环程序段 90～200
外轮廓	N090	G00 X43	快速定位到工件右侧
	N100	G01 Z0	接触工件
	N110	X45 Z−1	车削 C1 倒角
	N120	Z−36	车削 ϕ45 外圆
	N130	G02 X53 Z−40 R4	车削 R4 圆角
	N140	G01 X58	车削 ϕ60 外圆的右端面
	N150	X60 Z−41	车削 C1 倒角
	N160	Z−60	车削 ϕ60 外圆
	N170	X66	车削 ϕ70 外圆的右端面
	N180	G03 X70 Z−62 R2	车削 R2 圆角

	N190	G01 Z－81.340	车削 φ70 外圆
外轮廓	N200	G02 X80 Z－90 R10	车削 R10 顺时针圆弧
	N210	M03 S1200	提高主轴转速,1200r/min
精车循环	N220	G70 P90 Q200 F40	精车
	N230	G00 X200 Z200	快速退刀
	N240	T0202	换切断刀,即切槽刀
	N250	M03 S800	主轴正转,800r/min
	N260	G00 X76 Z－68.679	定位到梯形槽中间区域的循环起点
	N270	G75 R1	G75 切槽循环指令固定格式
	N280	G75 X50 Z－75.321 P3000 Q2000 R0 F20	G75 切槽循环指令固定格式
	N290	G00 Z－66	定位到梯形槽右侧上方
	N300	G01 X70 F80	接触工件
②梯形槽	N310	X50 Z－68.679 F20	车削梯形槽右侧锥面
	N320	X76 F200	抬刀
	N330	Z－78	定位到梯形槽左侧上方
	N340	X70 F80	接触工件
	N350	X50 Z－75.321	车削梯形槽左侧锥面
	N360	M03 S1200	提高主轴转速,1200r/min
	N370	Z－68.679 F40	精车槽底
	N380	X76 F300	抬刀
	N390	G00 X200 Z200	快速退刀
	N400	M03 S800	主轴正转,800r/min
	N410	T0303	换 03 号钻头
③钻孔	N420	G00 X0 Z2	定位孔
	N430	G01 Z－65 F15	钻孔
	N440	Z2 F100	退出孔
	N450	G00 X200 Z200	快速退刀
	N460	T0404	换 04 号内圆车刀
④G71 粗车	N470	G00 X10 Z3	快速定位到循环起点
循环	N480	G71 U3 R1	X 向每次吃刀量为 3mm,退刀为 1mm
	N490	G71 P500 Q580 U－0.4 W0.1 F100	循环程序段 500～580
	N500	G00 X35	垂直移动到内圆最高处,不能有 Z 值
	N510	G01 Z0	接触工件
内轮廓	N520	X30 Z－[[35－30]/2/TAN10]	斜向车削锥度内圆
	N530	Z－27	车削 φ30 的内圆
	N540	G03 X24 Z－30 R3	车削 R3 圆角
	N550	G01 X22	车削 φ20 内圆的右端面

	N560	G02 X20 Z−31 R1	车削 R1 圆角
内轮廓	N570	G01 Z−50	车削 φ20 内圆
	N580	X6	车削内圆最终端面
	N590	M03 S1200	提高主轴转速，1200r/min
精车循环	N600	G70 P500 Q580 F30	精车
	N610	G00 X200 Z200	快速退刀
结束	N620	M05	主轴停
	N630	M30	程序结束

5. 刀具路径及切削验证

复合轮廓梯形槽零件刀具路径如图 1.146 所示。

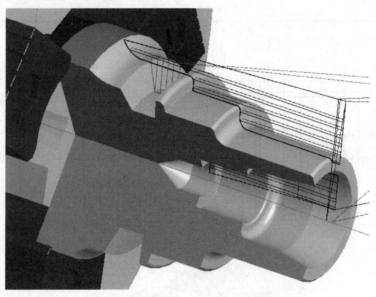

图 1.146　复合轮廓梯形槽零件刀具路径

6. 经验总结

① 本例题加工外轮廓和内轮廓均采用 G71 指令编程，因此可知 G71 指令循环完整的名称是"内外径粗车循环"。

② 内轮廓加工时，X 余量必须是负值，这样粗车时才能车到理论尺寸。

注：本例题对应《数控车床编程与操作》（第三版）（刘蔡保主编）第 94 页图 3-140。

四十七、复合螺纹宽轴零件

动画演示

1. 学习目的

① 思考加工和编程的顺序。

② 思考如何实现多圆弧外圆的连续性问题。

③ 熟练掌握通过三角函数和勾股定理计算特殊点的位置。

④ 熟练掌握通过外径粗车循环指令 G71、复合轮廓粗车循环指令 G73 和 G01 指令联合编程的方法。

⑤ 熟练掌握加工宽槽的编程方法。

⑥ 掌握加工螺纹的编程方法。

⑦ 掌握加工尾部倒角的编程方法。

⑧ 能迅速构建编程所使用的模型。

2. 加工图纸及要求

编制图 1.147 所示零件的加工程序：选择刀具，写出完整的加工步序和程序，毛坯为铝件，要求循环起始点在 $A(46, 3)$，X 方向精加工余量为 0.4mm，Z 方向精加工余量为 0.1mm，最后切断。

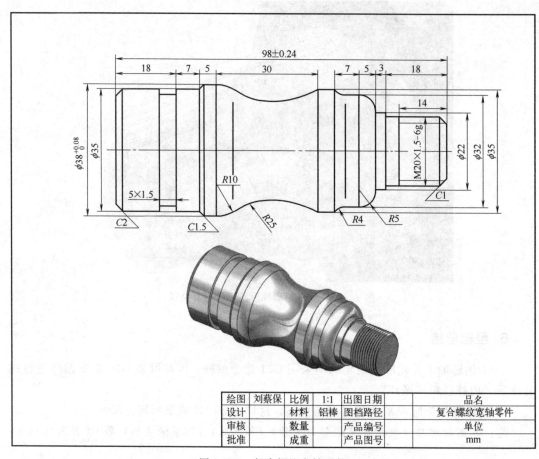

图 1.147　复合螺纹宽轴零件

3. 工艺分析和模型

(1) 工艺分析

该零件表面由外圆柱面、顺圆弧、逆圆弧、倒角、槽、螺纹等表面组成，零件图尺寸标注完整，符合数控加工尺寸标注要求；轮廓描述清楚完整；零件材料为铝棒，切削加工性能较好，无热处理和硬度要求。

（2）毛坯选择

零件材料为铝棒，ϕ40mm。

（3）刀具选择

刀具号	刀具规格名称	加工内容	刀具特征	备注
T0101	硬质合金 35°外圆车刀	车端面及车轮廓		
T0202	切断刀（切槽刀）	切槽和切断	宽 3mm	
T0303	螺纹刀	外螺纹	60°牙型	

（4）几何模型

本例题一次性装夹，轮廓部分采用 G71、G73、G01 指令联合编程，其加工路径的模型设计如图 1.148 所示。

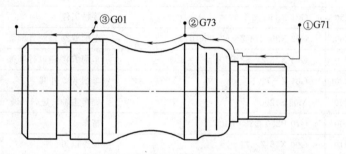

图 1.148　几何模型和编程路径示意图

（5）数学计算

本例题需要计算圆弧的坐标值，可采用三角函数、勾股定理等几何知识计算，也可使用计算机制图软件（如 AutoCAD、UG、Mastercam、SolidWorks 等）的标注方法来计算。

4. 数控程序

开始	N010	M03 S800	主轴正转，800r/min
	N020	T0101	换 01 号外圆车刀
	N030	G98	指定走刀按照 mm/min 进给
端面	N040	G00 X50 Z0	快速定位到工件端面上方
	N050	G01 X0 F80	车端面，走刀速度为 80mm/min
①G71 粗车循环	N060	G00 X46 Z3	快速定位到循环起点
	N070	G71 U2 R1	X 向每次吃刀量为 3mm，退刀为 1mm
	N080	G71 P90 Q180 U0.4 W0.1 F100	循环程序段 90～180
外轮廓	N090	G00 X18	快速定位到工件右侧
	N100	G01 Z0	接触工件
	N110	X20 Z−1	车削螺纹头 C1 倒角
	N120	Z−18	车削 ϕ20 外圆

	N130	X22	车削φ22外圆的右端面
外轮廓	N140	Z-21	车削φ22外圆
	N150	G03 X32 Z-26 R5	车削R5圆角
	N160	G01 Z-29.878	车削φ32外圆
	N170	G02 X35 Z-33 R4	车削R4顺时针圆弧
	N180	G01 Z-38	车削φ35外圆
精车循环	N190	M03 S1200	提高主轴转速,1200r/min
	N200	G70 P90 Q180 F40	精车
②G73粗车循环	N210	M03 S800	主轴正转,800r/min
	N220	G00 X42 Z-38	快速定位循环起点
	N230	G73 U3 W0 R2	X向每次吃刀量为3mm,循环2次
	N240	G73 P250 Q280 U0.4 W0 F80	循环程序段250~280
外轮廓	N250	G01 X35	接触工件
	N260	G02 X35.274 Z-62.960 R25	车削R25顺时针圆弧
	N270	G03 X38 Z-68 R10	车削R10逆时针圆弧
	N280	G01 Z-71.5	车削φ35外圆
精车	N290	M03 S1200	提高主轴转速,1200r/min
	N300	G70 P250 Q280 F40	精车
③尾部外圆	N310	G00 X45 Z-71	快速退刀
	N320	G01 X38 F40	接触工件
	N330	X35 Z-73	车削C1.5倒角
	N340	Z-101	车削φ35外圆
	N350	X42	抬刀
	N360	G00 X200 Z200	快速退刀
G76车螺纹	N370	T0303	换03号螺纹刀
	N380	G00 X22 Z3	定位到锥度螺纹循环起点
	N390	G76 P010260 Q100 R0.1	G76螺纹循环指令固定格式
	N400	G76 X18.340 Z-14 P830 Q400 R0 F1.5	G76螺纹循环指令固定格式
	N410	G00 X200 Z200	快速退刀
宽槽	N420	T0202	换切断刀,即切槽刀
	N430	M03 S1200	提高主轴转速,1200r/min
	N440	G00 X45 Z-83	快速定位至形槽上方
	N450	G01 X32 F20	切槽
	N460	Z-85 F40	精修槽底
	N470	X45 F200	抬刀
尾部倒角	N480	Z-101	快速定位至尾部上方
	N490	G01 X31 F20	切倒角让刀槽
	N500	X38 F100	抬刀

	N510	Z−98	移至倒角上方
尾部倒角	N520	X35	接触工件
	N530	X31 Z−98 F20	切削 C2 倒角
切断	N540	G01 X0 F20	切断
	N550	G00 X200 Z200	快速退刀
结束	N560	M05	主轴停
	N570	M30	程序结束

5. 刀具路径及切削验证

复合螺纹宽轴零件刀具路径如图 1.149 所示。

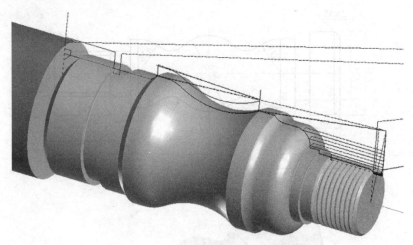

图 1.149　复合螺纹宽轴零件刀具路径

6. 经验总结

① 本例题中外轮廓拆成三段，采用 G71、G01、G73 的顺序，其目的是保证加工效率。

② 两刀的宽槽直接用 G01 指令切削即可。

③ 注意尾部倒角的编程方法。

注： 本例题对应《数控车床编程与操作》（第三版）（刘蔡保主编）第 94 页图 3-141。

四十八、复合螺纹细长轴零件

1. 学习目的

① 思考加工和编程的顺序。

② 思考如何实现多圆弧外圆的连续性问题。

③ 熟练掌握通过三角函数和勾股定理计算特殊点的位置。

动画演示

④ 熟练掌握通过外径粗车循环指令 G71 和复合轮廓粗车循环指令 G73 联合编程的方法。

⑤ 熟练掌握加工宽槽的编程方法。

⑥ 掌握加工螺纹的编程方法。

⑦ 掌握加工尾部倒角的编程方法。

⑧ 能迅速构建编程所使用的模型。

2. 加工图纸及要求

编制图 1.150 所示零件的加工程序：选择刀具，写出完整的加工步序和程序，毛坯为铝件，要求循环起始点在 $A(50,3)$，X 方向精加工余量为 0.4mm，Z 方向精加工余量为 0.1mm，最后切断。

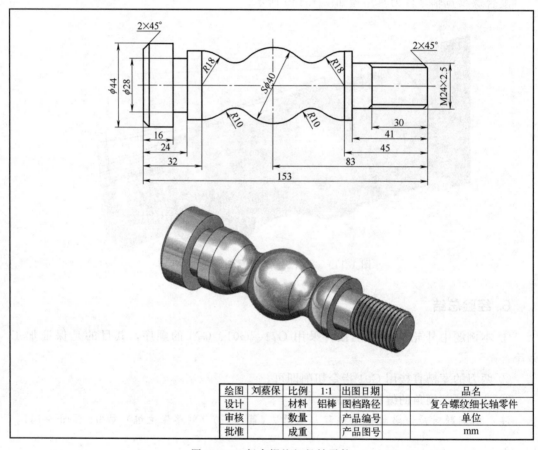

绘图	刘蔡保	比例	1:1	出图日期		品名	
设计		材料	铝棒	图档路径		复合螺纹细长轴零件	
审核		数量		产品编号		单位	
批准		成重		产品图号		mm	

图 1.150　复合螺纹细长轴零件

3. 工艺分析和模型

(1) 工艺分析

该零件表面由外圆柱面、顺圆弧、逆圆弧、斜锥面、倒角、槽、螺纹等表面组成，零件图尺寸标注完整，符合数控加工尺寸标注要求；轮廓描述清楚完整；零件材料为铝棒，切削加工性能较好，无热处理和硬度要求。

（2）毛坯选择

零件材料为铝棒，$\phi48$mm。

（3）刀具选择

刀具号	刀具规格名称	加工内容	刀具特征	备注
T0101	硬质合金45°外圆车刀	车端面及车轮廓		
T0202	切断刀（切槽刀）	切断	宽3mm	
T0303	螺纹刀	外螺纹	60°牙型	
T0404	正车刀	车圆弧轮廓		

（4）几何模型

本例题一次性装夹，轮廓部分采用G71、G73的循环联合编程，其加工路径的模型设计如图1.151所示。

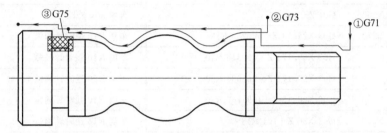

图1.151　几何模型和编程路径示意图

（5）数学计算

本例题需要计算圆弧的坐标值，可采用三角函数、勾股定理等几何知识计算，也可使用计算机制图软件（如AutoCAD、UG、Mastercam、SolidWorks等）的标注方法来计算。

4. 数控程序

	N010	M03 S800	主轴正转，800r/min
开始	N020	T0101	换01号外圆车刀
	N030	G98	指定走刀按照mm/min进给
端面	N040	G00 X60 Z0	快速定位到工件端面上方
	N050	G01 X0 F80	车端面，走刀速度为80mm/min
①G71粗车循环	N060	G00 X50 Z3	快速定位到循环起点
	N070	G71 U3 R1	X向每次吃刀量为3mm，退刀为1mm
	N080	G71 P90 Q160 U0.4 W0.1 F100	循环程序段90～160
外轮廓	N090	G00 X20	快速定位到工件右侧
	N100	G01 Z0	接触工件
	N110	X24 Z−2	车削螺纹头$C2$倒角
	N120	Z−41	车削$\phi24$外圆
	N130	X40	车削$\phi40$外圆的右端面
	N140	Z−137	车削$\phi40$外圆

	N150	X44	车削 ϕ44 外圆的右端面
外轮廓	N160	Z-156	车削 ϕ44 外圆
	N170	M03 S1200	提高主轴转速,1200r/min
精车循环	N180	G70 P90 Q160 F40	精车
	N190	G00 X200 Z200	快速退刀
	N200	T0404	换 04 号正车刀
	N210	M03 S800	主轴正转,800r/min
②G73 粗车循环	N220	G00 X42 Z-38	快速定位到循环起点
	N230	G73U8 W0 R3	X 向每次吃刀量为 8mm,循环 3 次
	N240	G73 P250 Q330 U0.4 W0F80	循环程序段 250~330
	N250	G00 X36	快速移动至工件右侧
	N260	G01 Z-45	车削 ϕ36 外圆
	N270	G03 X28.13 Z-56.233 R18	车削 R18 逆时针圆弧
	N280	G02 X29.171 Z-69.316 R10	车削 R10 顺时针圆弧
外轮廓	N290	G03 X29.171 Z-96.684 R20	车削 R20 逆时针圆弧
	N300	G02 X28.13 Z-109.767 R10	车削 R10 顺时针圆弧
	N310	G03 X36 Z-121 R18	车削 R18 逆时针圆弧
	N320	G01 Z-129	车削 ϕ36 外圆
	N330	X42	抬刀
	N340	M03 S1200	提高主轴转速,1200r/min
精车	N350	G70 P250 Q330 F40	精车
	N360	G00 X200 Z200	快速退刀
	N370	T0303	换 03 号螺纹刀
	N380	G00 X26 Z3	定位到锥度螺纹循环起点
G76 车螺纹	N390	G76 P010260 Q100 R0.1	G76 螺纹循环指令固定格式
	N400	G76 X21.234 Z-14 P1384 Q600 R0 F2.5	G76 螺纹循环指令固定格式
	N410	G00 X200 Z200	快速退刀
	N420	T0202	换切断刀,即切槽刀
	N430	M03 S1200	提高主轴转速,1200r/min
	N440	G00 X46 Z-132	快速定位至梯形槽上方
	N450	G75 R1	G75 切槽循环指令固定格式
③宽槽	N460	G75 X28 Z-137 P3000 Q2000 R0 F20	G75 切槽循环指令固定格式
	N470	M03 S1200	提高主轴转速,1200r/min
	N480	G01 X28 F40	移至槽底
	N490	Z-137	精修槽底
	N500	X46 F300	抬刀
尾部倒角	N510	Z-156	快速定位至尾部上方
	N520	G01 X40 F20	切倒角让刀槽

	N530	X46 F100	抬刀
尾部倒角	N540	Z−151	移至倒角上方
	N550	X44	接触工件
	N560	X40 Z−156 F20	切削 C2 倒角
切断	N570	G01 X0 F20	切断
	N580	G00 X200 Z200	快速退刀
结束	N590	M05	主轴停
	N600	M30	程序结束

5. 刀具路径及切削验证

复合螺纹长轴零件刀具路径如图 1.152 所示。

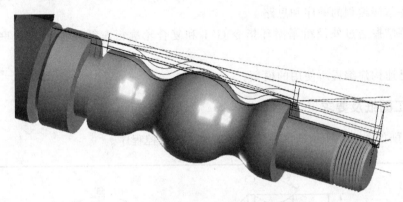

图 1.152　复合螺纹细长轴零件刀具路径

6. 经验总结

① 本例题加工外轮廓时需要考虑到车刀的后角干涉问题，因此中间圆弧区域采用正车刀加工。

② 加工轮廓部分采用 G71 和 G73 指令联合编程时，需要考虑如何定位和走刀能够有效地避免接刀痕。

③ 加工内嵌式螺纹需要用 G76 复合螺纹循环指令，设置好倒角退刀量来完成，避免螺纹结束时抬刀过猛。

注：本例题对应《数控车床编程与操作》（第三版）（刘蔡保主编）第 94 页图 3-142。

第二章
数控车床编程提高案例

一、锥头复合轴零件

1. 学习目的

① 思考中间两段圆弧如何计算。

② 熟练掌握编程的顺序和思路。

③ 熟练掌握通过外径粗车循环指令 G71 和复合轮廓粗车循环指令 G73 联合编程的方法。

④ 能迅速构建编程所使用的模型。

动画演示

2. 加工图纸及要求

数控车削如图 2.1 所示的零件，编制其加工的数控程序。

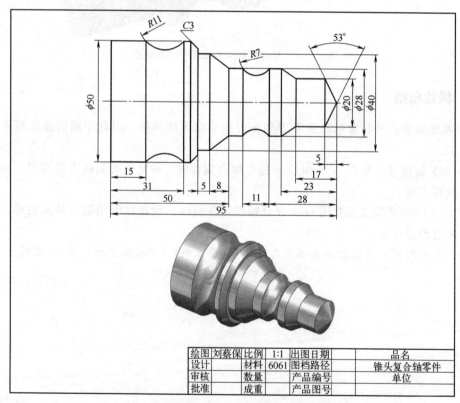

绘图	刘蔡保	比例	1:1	出图日期		品名	
设计		材料	6061	图档路径		锥头复合轴零件	
审核		数量		产品编号		单位	
批准		成重		产品图号			

图 2.1　锥头复合轴零件

3. 工艺分析和模型

(1) 工艺分析

该零件表面由外圆柱面、顺圆弧、斜锥面等表面组成，零件图尺寸标注完整，符合数控加工尺寸标注要求；轮廓描述清楚完整；零件材料为铝棒，切削加工性能较好，无热处理和硬度要求。

(2) 毛坯选择

零件材料为 6061 实心铝棒，ϕ52mm。

(3) 刀具选择

刀具号	刀具规格名称	加工内容	刀具特征	备注
T0101	硬质合金 35°外圆车刀	车端面及车轮廓		
T0202	切断刀（切槽刀）	切断	宽 3mm	

(4) 几何模型

本例题一次性装夹，轮廓部分采用 G71 和 G73 指令联合编程，其加工路径的模型设计如图 2.2 所示。

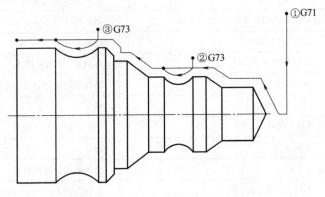

图 2.2　几何模型和编程路径示意图

(5) 数学计算

本例题中工件尺寸和坐标值明确，可直接进行编程。

4. 数控程序

开始	M03 S800	主轴正转，800r/min
	T0101	换 01 号外圆车刀
	G98	指定走刀按照 mm/min 进给
端面	G00 X60 Z0	快速定位到工件端面上方
	G01 X0 F80	车端面，走刀速度为 80mm/min
①G71 粗车循环	G00 X60 Z3	快速定位到循环起点
	G71 U3 R1	X 向每次吃刀量为 3mm，退刀为 1mm
	G71 P10 Q20 U0.4 W0.1 F100	循环程序段 N10～N20

	N10 G00 X0	垂直移动到最低处,不能有 Z 值
外轮廓	G01 Z0	接触工件
	X20 Z−5	斜向车削锥面
	Z−17	车削 $\phi20$ 外圆
	X28 Z−23	斜向车削锥面
	Z−45	车削 $\phi28$ 外圆
	X40 Z−53	斜向车削锥面
	Z−58	车削 $\phi40$ 外圆
	X44	车削 $\phi50$ 外圆的右端
	X50 Z−61	车削 $C3$ 的倒角
	N20 Z−98	车削 $\phi50$ 外圆
精车	M03 S1200	提高主轴转速,1200r/min
	G70 P10 Q20 F40	精车
②G73粗车循环	M03 S800	主轴正转,800r/min
	G00 X30 Z-28	快速定位到循环起点
	G73 U2 W2 R2	X 向每次吃刀量为 3mm,退刀为 1mm
	G73 P30 Q40 U0.4 W0.1 F100	循环程序段 N30～N40
外轮廓	N30 G01 X28	接触工件
	N40 G02 Z−39 R7	车削 $R7$ 顺时针圆弧
精车	M03 S1200	提高主轴转速,1200r/min
	G70 P30 Q40 F40	精车
③G73粗车循环	M03 S800	主轴正转,800r/min
	G00 X52	抬刀
	Z−64	快速定位到循环起点
	G73 U2 W2 R2	X 向每次吃刀量为 3mm,退刀为 1mm
	G73 P50 Q60 U0.4 W0.1 F100	循环程序段 N50～N60
外轮廓	N50 G01 X50	接触工件
	N60 G02 Z−80 R11	车削 R7 顺时针圆弧
精车	M03 S1200	提高主轴转速,1200r/min
	G70 P50 Q60 F40	精车
	G00 X200 Z200	快速退刀
切断	T0202	换切断刀,即切槽刀
	M03S800	主轴正转,800r/min
	G00 X60 Z−98	快速定位至切断处
	G01 X0 F20	切断
	G00 X200 Z200	快速退刀
结束	M05	主轴停
	M30	程序结束

5. 刀具路径及切削验证

锥头复合轴零件刀具路径如图 2.3 所示。

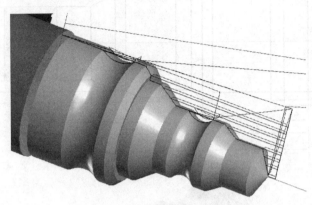

图 2.3　锥头复合轴零件刀具路径

6. 经验总结

① 在编程时，一般不写完整的段号。

② 本例题中虽然有角度，但是同时也有具体的尺寸信息，优先按照尺寸信息编程。

二、鼓形宽槽短轴零件

1. 学习目的

① 思考右端圆弧如何计算。

② 熟练掌握通过三角函数计算角度的位置。

③ 熟练掌握通过外径粗车循环指令 G71 和复合轮廓粗车循环指令 G73 联合编程的方法。

④ 掌握加工宽槽的编程方法。

⑤ 能迅速构建编程所使用的模型。

动画演示

2. 加工图纸及要求

数控车削加工如图 2.4 所示的零件，编制其加工的数控程序。

3. 工艺分析和模型

(1) 工艺分析

该零件表面由外圆柱面、逆圆弧、宽槽等表面组成，零件图尺寸标注完整，符合数控加工尺寸标注要求；轮廓描述清楚完整；零件材料为实心铝棒，切削加工性能较好，无热处理和硬度要求。

(2) 毛坯选择

零件材料为 6061 实心铝棒，ϕ50mm。

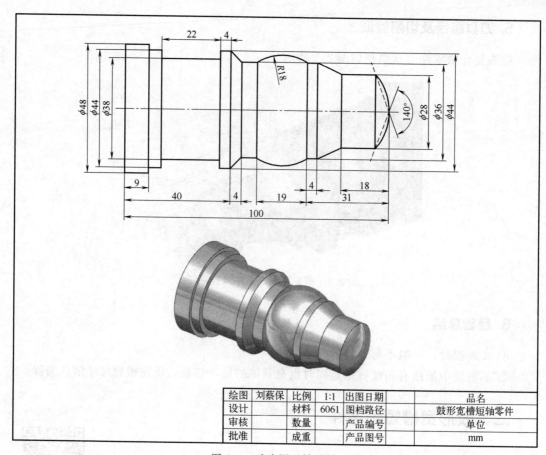

绘图	刘蔡保	比例	1:1	出图日期		品名	
设计		材料	6061	图档路径		鼓形宽槽短轴零件	
审核		数量		产品编号		单位	
批准		成重		产品图号		mm	

图 2.4　球头圆弧轴零件

（3）刀具选择

刀具号	刀具规格名称	加工内容	刀具特征	备注
T0101	硬质合金 45°外圆车刀	车轮廓		
T0202	切断刀（切槽刀）	切槽和切断	宽 3mm	

（4）几何模型

本例题一次性装夹，轮廓部分采用 G71 和 G73 指令联合编程，其加工路径的模型设计如图 2.5 所示。

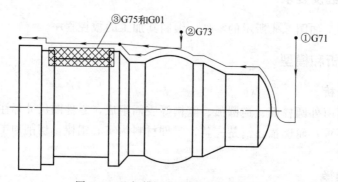

图 2.5　几何模型和编程路径示意图

(5) 数学计算

本例题需要计算圆弧的半径,可采用勾股定理或三角函数等几何知识计算,也可使用计算机制图软件(如 AutoCAD、UG、Mastercam、SolidWorks 等)的标注方法来计算。

图 2.6 为未知点的计算提示示意图。

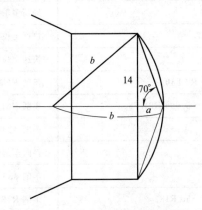

图 2.6 未知点的计算提示示意图

4. 数控程序

	M03 S800	主轴正转,800r/min
开始	T0101	换 01 号外圆车刀
	G98	指定走刀按照 mm/min 进给
①G7 粗车循环	G00 X60 Z2	快速定位到循环起点
	G71 U3 R1	X 向每次吃刀量为 3mm,退刀为 1mm
	G71 P10 Q20 U0.4 W0.1 F100	循环程序段 N10~N20
外轮廓	N10 G00 X−4	快速定位到相切圆弧起点
	G02 X0 Z0 R2	车削 R2 顺时针过渡圆弧
	G03 X28 Z−5.096 R21.78	车削 R21.78 逆时针圆弧
	G01 Z−18	车削 φ28 外圆
	X36 Z−27	斜向车削锥面至 φ36 外圆处
	Z−31	车削 φ36 外圆
	G03 X41.422 Z−40.5 R18	车削 R18 逆时针圆弧到圆弧顶部
	G01 X44 Z−60	斜向车削锥面至 φ44 外圆处
	Z−91	车削 φ44 外圆
	X48	车削 φ48 外圆的右端
	N20 Z−103	车削 φ48 外圆
②G73 粗车循环	G00 X44 Z−38	快速定位到循环起点
	G73 U2 W2 R2	X 向每次吃刀量为 3mm,退刀为 1mm
	G73 P30 Q40 U0.4 W0.1 F100	循环程序段 N30~N40
外轮廓	N30 G00 X41.422	移动至圆弧右侧
	G01 Z−40.5	接触工件

	G03 X36 Z−50 R18	车削 R18 逆时针圆弧
外轮廓	G01 Z−56	车削 ϕ36 外圆
	N40 X44 Z−60	斜向车削锥面至 ϕ44 外圆处
	M03 S1200	提高主轴转速,1200r/min
	G00 X60 Z2	快速定位到精车起点
	G00 X−4	快速定位到相切圆弧起点
	G02 X0 Z0 R2 F40	车削 R2 顺时针过渡圆弧
	G03 X28 Z−5.096 R21.78	车削 R21.78 逆时针圆弧
	G01 Z−18	车削 ϕ28 外圆
	X36 Z−27	斜向车削锥面至 ϕ36 外圆处
	Z−31	车削 ϕ36 外圆
精车	G03 X36 Z−50 R18	车削 R18 逆时针圆弧
	G01 Z−56	车削 ϕ36 外圆
	X44 Z−60	斜向车削锥面至 ϕ44 外圆处
	Z−64	车削 ϕ44 外圆
	Z−86 F200	宽槽区域无需精车,节约时间
	Z−91 F40	车削 ϕ44 外圆
	X48	车削 ϕ48 外圆的右端面
	Z−103	车削 ϕ48 外圆
	G00 X200 Z200	快速退刀
	T0202	换切断刀,即切槽刀
	M03 S800	主轴正转,800r/min
	G00 X48 Z−67	定位到切槽循环起点
	G75 R1	G75 切槽循环指令固定格式
③切槽	G75 X38 Z−86 P3000 Q2000 R0 F20	G75 切槽循环指令固定格式
	M03 S1200	提高主轴转速,1200r/min
	G01 X38 F80	接触工件
	Z−86 F40	精修槽底
	X60 F300	抬刀
	M03 S800	主轴正转,800r/min
切断	G00 Z−103	快速定位至切断处
	G01 X0 F20	切断
	G00 X200 Z200	快速退刀
结束	M05	主轴停
	M30	程序结束

数控车床编程练习指导与提高

5. 刀具路径及切削验证

鼓形宽槽短轴零件刀具路径如图 2.7 所示。

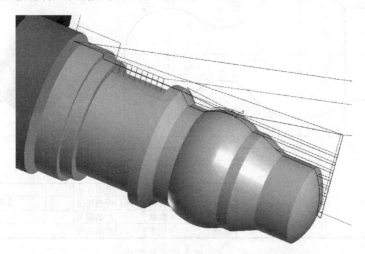

图 2.7　鼓形宽槽短轴零件刀具路径

6. 经验总结

① 由于前端是圆弧相切过渡，所以对刀时刀尖和工件中心必须对准，否则会出现小的凸点。

② 对 G73 程序段，建议从圆弧右侧入刀。

③ 本例题中精加工单独列出，可保证外圆整体粗糙度的一致性。

④ 注意宽槽使用 G75 指令加工后会出现槽底不平的情况，因此必须使用 G01 指令精修槽底。

三、球头圆弧轴零件

动画演示

1. 学习目的

① 思考球头和圆弧连接处如何计算。

② 熟练掌握通过三角函数计算角度的位置。

③ 熟练掌握通过外径粗车循环指令 G71 和复合轮廓粗车循环指令 G73 联合编程的方法。

④ 掌握实现不同循环无接刀痕连接的方法。

⑤ 能迅速构建编程所使用的模型。

2. 加工图纸及要求

数控车削加工如图 2.8 所示的零件，编制其加工的数控程序。

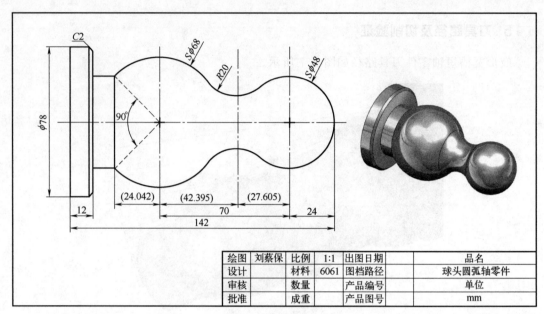

绘图	刘蔡保	比例	1:1	出图日期		品名	
设计		材料	6061	图档路径		球头圆弧轴零件	
审核		数量		产品编号		单位	
批准		成重		产品图号		mm	

图 2.8　球头圆弧轴零件

3. 工艺分析和模型

（1）工艺分析

该零件表面由外圆柱面、顺圆弧、逆圆弧、球头等表面组成，零件图尺寸标注完整，符合数控加工尺寸标注要求；轮廓描述清楚完整；零件材料为实心铝棒，切削加工性能较好，无热处理和硬度要求。

（2）毛坯选择

零件材料为 6061 实心铝棒，ϕ82mm。

（3）刀具选择

刀具号	刀具规格名称	加工内容	刀具特征	备注
T0101	硬质合金 35°外圆车刀	车轮廓		
T0202	切断刀（切槽刀）	切断	宽 3mm	

（4）几何模型

本例题一次性装夹，轮廓部分采用 G71 和 G73 指令联合编程，其加工路径的模型设计如图 2.9 所示。

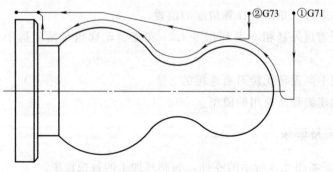

图 2.9　几何模型和编程路径示意图

数控车床编程练习指导与提高

(5) 数学计算

本例题需要计算坐标值，可采用三角函数、勾股定理等几何知识计算，也可使用计算机制图软件（如 AutoCAD、UG、Mastercam、SolidWorks 等）的标注方法来计算。

4. 数控程序

开始	M03 S800	主轴正转，800r/min
	T0101	换 01 号外圆车刀
	G98	指定走刀按照 mm/min 进给
①G71 粗车循环	G00 X90 Z2	快速定位到循环起点
	G71 U3 R1	X 向每次吃刀量为 3mm，退刀为 1mm
	G71 P10 Q20 U0.4 W0.1 F100	循环程序段 N10～N20
外轮廓	N10 G00 X−4	快速定位到相切圆弧起点
	G02 X0 Z0 R2	车削 R2 顺时针过渡圆弧
	G03 X48 Z−24 R24	车削 R24 逆时针圆弧
	G01 X78 Z−94	斜向车削至连续圆弧的顶点上方
	N20 Z−145	车削 ϕ78 外圆
②G73 粗车循环	G00 X78 Z−20	快速定位到循环起点
	G73 U18 W3 R5	G73 粗车循环，循环 5 次
	G73 P30 Q40 U0.2 W0.2F80	循环程序段 N30～N40
外轮廓	N30 G01 X48	定位到圆弧右侧
	Z−24	接触圆弧
	G03 X37.027 Z−39.273 R24	车削 R24 逆时针圆弧
	G02 X42.741 Z−67.566 R20	车削 R20 顺时针圆弧
	G03 X48.083 Z−118.042 R34	车削 R34 逆时针圆弧
	G01 Z−130	车削 ϕ48.083 外圆
	X74	车削 ϕ78 外圆右端
	N40 X78 Z−132	车削 C2 倒角
精车	M03 S1200	提高主轴转速，1200r/min
	G00 Z2	刀具平移出工件
	G00 X−4	快速定位到相切圆弧起点
	G02 X0 Z0 R2 F70	车削 R2 过渡顺时针圆弧
	G03 X37.027 Z−39.273 R24	车削 R24 逆时针圆弧
	G02 X42.741 Z−67.566 R20	车削 R20 顺时针圆弧
	G03 X48.083 Z−118.042 R34	车削 R34 逆时针圆弧
	G01 Z−130	车削 ϕ48.083 外圆
	X74	车削 ϕ78 外圆右端
	X78 Z−132	车削 C2 倒角
	Z−145	车削 ϕ78 外圆
	G00 X200 Z200	快速退刀

切断	T0202	换切断刀,即切槽刀
	M03 S800	主轴正转,800r/min
	G00 X85 Z－145	快速定位至切断处
	G01 X0 F20	切断
	G00 X200 Z200	快速退刀
结束	M05	主轴停
	M30	程序结束

5. 刀具路径及切削验证

球头圆弧轴零件刀具路径如图 2.10 所示。

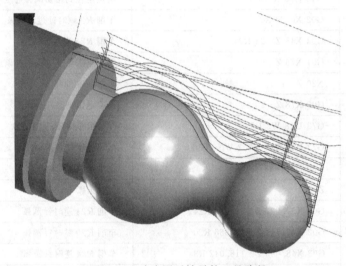

图 2.10　球头圆弧轴零件刀具路径

6. 经验总结

① 由于前端是圆弧相切过渡,所以对刀时刀尖和工件中心必须对准,否则会出现小的凸点。

② 注意外圆车刀的选择,避免加工时车刀的后角干涉工件。

③ 本例题精加工单独列出,可保证外圆整体粗糙度的一致性。

四、锥面等距槽复合零件

1. 学习目的

① 熟练掌握通过三角函数计算角度的位置。

② 熟练掌握通过外径粗车循环指令 G71 编程的方法。

③ 掌握加工等距槽的编程方法。

动画演示

④ 能迅速构建编程所使用的模型。

2. 加工图纸及要求

数控车削如图 2.11 所示的零件，编制其加工的数控程序。

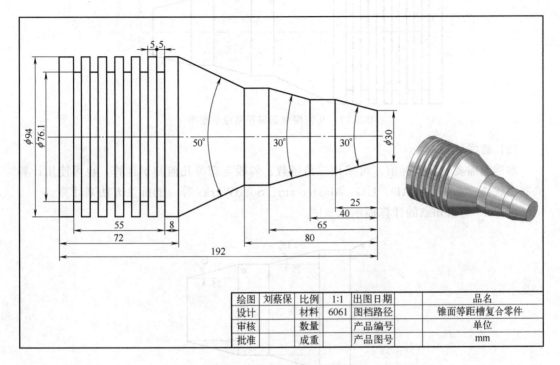

绘图	刘蔡保	比例	1:1	出图日期		品名	
设计		材料	6061	图档路径		锥面等距槽复合零件	
审核		数量		产品编号		单位	
批准		成重		产品图号		mm	

图 2.11　锥面等距槽复合零件

3. 工艺分析和模型

(1) 工艺分析

该零件表面由外圆柱面、斜锥面、等距槽等表面组成，零件图尺寸标注完整，符合数控加工尺寸标注要求；轮廓描述清楚完整；零件材料为实心铝棒，切削加工性能较好，无热处理和硬度要求。

(2) 毛坯选择

零件材料为 6061 实心铝棒，ϕ98mm。

(3) 刀具选择

刀具号	刀具规格名称	加工内容	刀具特征	备注
T0101	硬质合金 35°外圆车刀	车轮廓		
T0202	切断刀（切槽刀）	切槽和切断	宽 3mm	注意刀杆伸出长度

(4) 几何模型

本例题一次性装夹，轮廓部分采用 G71 的循环编程，其加工路径的模型设计如图 2.12 所示。

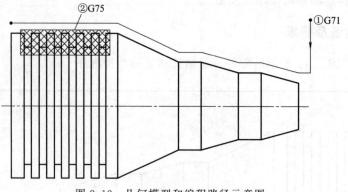

图 2.12 几何模型和编程路径示意图

(5) 数学计算

本例题需要计算坐标值,可采用三角函数、勾股定理等几何知识计算,也可使用计算机制图软件(如 AutoCAD、UG、Mastercam、SolidWorks 等)的标注方法来计算。

图 2.13 为未知点的计算提示示意图。

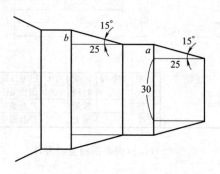

图 2.13 未知点的计算提示示意图

4. 数控程序

	M03 S800	主轴正转,800r/min
开始	T0101	换 01 号外圆车刀
	G98	指定走刀按照 mm/min 进给
端面	G00 X110 Z0	快速定位到工件端面上方
	G01 X0 F80	车端面,走刀速度 80mm/min
①G71 粗车循环	G00 X105 Z3	快速定位到循环起点
	G71 U3 R1	X 向每次吃刀量为 3mm,退刀为 1mm
	G71 P10 Q20 U0.4 W0.1 F100	循环程序段 N10~N20
外轮廓	N10 G00 X30	垂直移动到最低处,不能有 Z 值
	G01 Z0	接触工件
	X43.397 Z−25	斜向车削锥面
	Z−40	车削 φ43.397 外圆
	X56.795 Z−65	斜向车削锥面

	Z−80	车削 $\phi 56.795$ 外圆
外轮廓	X94 Z−120	斜向车削锥面
	N20 Z−195	车削 $\phi 94$ 外圆
	G00 X200 Z200	快速退刀
精车	M03 S1200	提高主轴转速,1200r/min
	G70 P10 Q20 F40	精车
	T0202	换切断刀,即切槽刀
	M03 S800	主轴正转,800r/min
	G00 X102 Z−131	定位到第1刀等距槽循环起点
②等距槽	G75 R1	G75 切槽循环指令固定格式
	G75 X76.1 Z−181 P3000 Q10000 R0 F20	G75 切槽循环指令固定格式
	G00 X102 Z−133	定位到第2刀等距槽循环起点
	G75 R1	G75 切槽循环指令固定格式
	G75 X76.1 Z−183 P3000 Q10000 R0 F20	G75 切槽循环指令固定格式
精车	G00 X102 Z−195	快速定位至切断处
	G01 X0 F20	切断
	G00 X200 Z200	快速退刀
结束	M05	主轴停
	M30	程序结束

5. 刀具路径及切削验证

锥面等距槽复合零件刀具路径如图 2.14 所示。

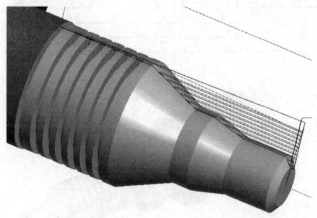

图 2.14　锥面等距槽复合零件刀具路径

6. 经验总结

① 本例题出现了多个角度尺寸,如果将公式直接写入程序段,程序可能太长,可以先计算出具体数值。

第二章　数控车床编程提高案例

② 注意等距槽宽度大于刀宽的情况，必须使用 G75 切槽循环指令来实现。

五、多槽复合长轴零件

动画演示

1. 学习目的

① 思考中间两段圆弧如何加工。

② 熟练掌握通过三角函数计算角度的位置。

③ 熟练掌握通过外径粗车循环指令 G71 和复合轮廓粗车循环指令 G73 联合编程的方法。

④ 掌握加工一个等距槽和两个宽槽的编程方法。

⑤ 能迅速构建编程所使用的模型。

2. 加工图纸及要求

数控车削如图 2.15 所示的零件，编制其加工的数控程序。

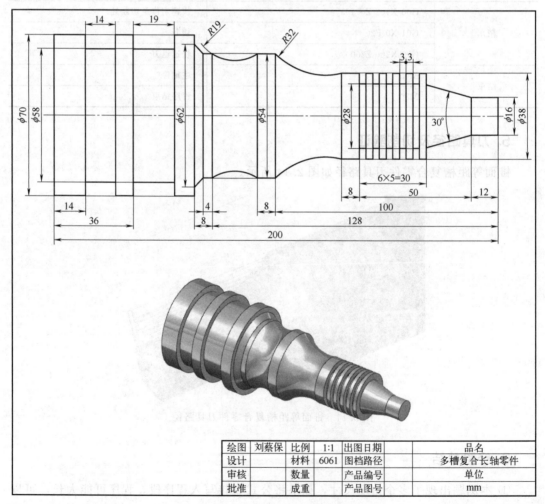

绘图	刘蔡保	比例	1:1	出图日期		品名	
设计		材料	6061	图档路径		多槽复合长轴零件	
审核		数量		产品编号		单位	
批准		成重		产品图号		mm	

图 2.15　多槽复合长轴零件

3. 工艺分析和模型

(1) 工艺分析

该零件表面由外圆柱面、顺圆弧、多种类型的槽等表面组成，零件图尺寸标注完整，符合数控加工尺寸标注要求；轮廓描述清楚完整；零件材料为实心铝棒，切削加工性能较好，无热处理和硬度要求。

(2) 毛坯选择

零件材料为 6061 实心铝棒，ϕ75mm。

(3) 刀具选择

刀具号	刀具规格名称	加工内容	刀具特征	备注
T0101	硬质合金 35°外圆车刀	车轮廓		
T0202	切断刀（切槽刀）	切槽和切断	宽 3mm	

(4) 几何模型

本例题一次性装夹，轮廓部分采用 G71 和 G73 指令联合编程，其加工路径的模型设计如图 2.16 所示。

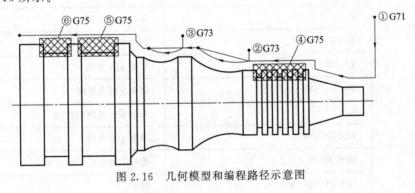

图 2.16　几何模型和编程路径示意图

(5) 数学计算

本例题需要计算坐标值，可采用三角函数、勾股定理等几何知识计算，也可使用计算机制图软件（如 AutoCAD、UG、Mastercam、SolidWorks 等）的标注方法来计算。

图 2.17 为未知点的计算提示示意图。

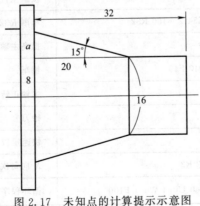

图 2.17　未知点的计算提示示意图

4. 数控程序

	M03 S800	主轴正转,800r/min
开始	T0101	换 01 号外圆车刀
	G98	指定走刀按照 mm/min 进给
端面	G00 X80 Z0	快速定位到工件端面上方
	G01 X0 F80	车端面,走刀速度为 80mm/min
①G71 粗车循环	G00 X80 Z3	快速定位到循环起点
	G71 U3 R1	X 向每次吃刀量为 3mm,退刀为 1mm
	G71 P10 Q20 U0.4 W0.1 F100	循环程序段 N10~N20
外轮廓	N10 G00 X16	垂直移动到最低处,不能有 Z 值
	G01 Z−12	车削 φ16 外圆
	X[20 * TAN15 * 2＋16] Z−32	斜向车削锥面
	X38	车削 φ38 外圆的右端
	Z−70	车削 φ38 外圆
	X54 Z−100	斜向车削圆圆弧处的锥面
	Z−132	车削 φ54 外圆
	X62 Z−136	斜向车削小锥面
	X70	车削 φ70 外圆的右端
	N20 Z−203	车削 φ70 外圆
精车	M03 S1200	提高主轴转速,1200r/min
	G70 P10 Q20 F40	精车
②G73 粗车循环	M03 S800	主轴正转,800r/min
	G00 X42 Z−68	快速定位到循环起点
	G73 U2 W2 R2	X 向每次吃刀量为 3mm,退刀为 1mm
	G73 P30 Q40 U0.4 W0.1 F100	循环程序段 N30~N40
外轮廓	N30 G01 X38 Z−70	接触工件
	N40 G02 X54 Z−100 R32	车削 R32 顺时针圆弧
精车	M03 S1200	提高主轴转速,1200r/min
	G70 P30 Q40 F40	精车
③G73 粗车循环	M03 S800	主轴正转,800r/min
	G00 X56	抬刀
	Z−106	快速定位到循环起点
	G73 U2 W2 R2	X 向每次吃刀量为 3mm,退刀为 1mm
	G73 P50 Q60 U0.4 W0.1 F100	循环程序段 N50~N60

外轮廓	N50 G01 X54 Z－108	接触工件
	N60 G02 Z－128 R19	车削 R19 顺时针圆弧
精车	M03 S1200	提高主轴转速，1200r/min
	G70 P50 Q60 F40	精车
	G00 X200 Z200	快速退刀
④等距槽	T0202	换切断刀，即切槽刀
	M03 S800	主轴正转，800r/min
	G00 X42 Z－38	定位到切槽循环起点
	G75 R1	G75 切槽循环指令固定格式
	G75 X28 Z－62 P3000 Q6000 R0 F20	G75 切槽循环指令固定格式
⑤第1个宽槽	G00 X74 F300	抬刀
	Z－148	定位到第1个宽槽切槽循环起点
	G75 R1	G75 切槽循环指令固定格式
	G75 X58 Z－164 P3000 Q2000 R0 F20	G75 切槽循环指令固定格式
	M03 S1200	提高主轴转速，1200r/min
	G01 X58 F100	移至槽底
	Z－164 F40	精修槽底
	X74 F300	抬刀
⑥第2个宽槽	M03 S800	主轴正转，800r/min
	G00 Z－175	定位到第2个宽槽切槽循环起点
	G75 R1	G75 切槽循环指令固定格式
	G75 X58 Z－186 P3000 Q2000 R0 F20	G75 切槽循环指令固定格式
	M03 S1200	提高主轴转速，1200r/min
	G01 X58 F100	移至槽底
	Z－186 F40	精修槽底
	X74 F300	抬刀
切断	M03S800	主轴正转，800r/min
	G00 Z－203	快速定位至切断处
	G01 X0 F20	切断
	G00 X200 Z200	快速退刀
结束	M05	主轴停
	M30	程序结束

5. 刀具路径及切削过程

多槽复合长轴零件刀具路径如图 2.18 所示。

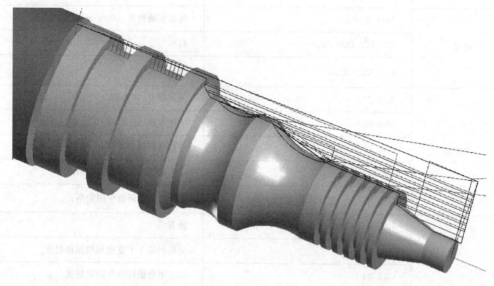

图 2.18 多槽复合长轴零件加工路径刀具路径

6. 经验总结

① 本例题中带角度的锥度外圆部分的尺寸，可将算式代入程序中。

② 采用复合轮廓粗车循环 G73 时，注意切削量 U 和车削次数 R 的取值。

③ 由于两端 G73 程序段并不长，因此本例题每一次粗加工循环成的精加工单独列出。

④ 注意宽槽使用 G75 后会出现槽底不平的情况，因此必须使用 G01 精修槽底。

六、复合螺纹轴零件

1. 学习目的

① 思考加工中间以及尾部的圆弧如何编程。

② 熟练掌握通过外径粗车循环指令 G71 和复合轮廓粗车循环指令 G73 及 G75 指令联合编程的方法。

③ 掌握加工宽槽的编程方法。

④ 学会使用反偏外圆车刀进行编程。

⑤ 熟练掌握加工螺纹的编程方法

⑥ 能迅速构建编程所使用的模型。

2. 加工图纸及要求

数控车削如图 2.19 所示的零件，编制其加工的数控程序。

动画演示

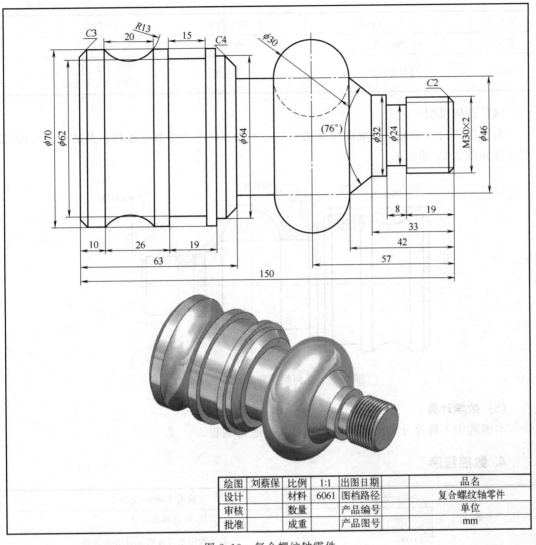

绘图	刘蔡保	比例	1:1	出图日期		品名	
设计		材料	6061	图档路径		复合螺纹轴零件	
审核		数量		产品编号		单位	
批准		成重		产品图号		mm	

图 2.19 复合螺纹轴零件

3. 工艺分析和模型

(1) 工艺分析

该零件表面由外圆柱面、逆圆弧、顺圆弧、斜锥面、多种类型的槽、外螺纹等表面组成，零件图尺寸标注完整，符合数控加工尺寸标注要求；轮廓描述清楚完整；零件材料为实心铝棒，切削加工性能较好，无热处理和硬度要求。

(2) 毛坯选择

零件材料为 6061 实心铝棒，$\phi80\mathrm{mm}$。

(3) 刀具选择

刀具号	刀具规格名称	加工内容	刀具特征	备注
T0101	外圆车刀	车端面及车轮廓	硬质合金 35°	
T0202	切断刀（切槽刀）	切槽和切断	宽 3mm	

刀具号	刀具规格名称	加工内容	刀具特征	备注
T0303	螺纹刀	外螺纹	60°牙型	
T0404	反偏外圆车刀	车轮廓	硬质合金 35°，刀体宽度≤20mm	

（4）几何模型

本例题一次性装夹，轮廓部分采用 G71、G73、G75 指令联合编程，其加工路径的模型设计如图 2.20 所示。

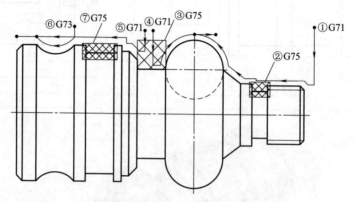

图 2.20　几何模型和编程路径示意图

（5）数学计算

本例题中工件尺寸和坐标值明确，可直接进行编程。

4. 数控程序

	M03 S800	主轴正转，800r/min
开始	T0101	换 01 号外圆车刀
	G98	指定走刀按照 mm/min 进给
端面	G00 X90 Z0	快速定位到工件端面上方
	G01 X0 F80	车端面，走刀速度为 80mm/min
①G71 粗车循环	G00 X90 Z3	快速定位到循环起点
	G71 U3 R1	X 向每次吃刀量为 3mm，退刀为 1mm
	G71 P10 Q20 U0.4 W0.1 F100	循环程序段 N10～N20
外轮廓	N10 G00 X26	垂直移动到最低处，不能有 Z 值
	G01 Z0	接触工件
	X30 Z−2	车削 C2 倒角
	Z−27	车削 φ30 外圆
	X32	车削 φ32 外圆的右端面
	Z−33	车削 φ32 外圆
	X46 Z−42	斜向车削锥面
	N20 G03 X76 Z−57 R15	车削 R15 逆时针圆弧

	M03 S1200	提高主轴转速,1200r/min
精车循环	G70 P10 Q20 F40	精车
	G00 X200 Z200	快速退刀
	T0202	换切断刀,即切槽刀
	M03S800	主轴正转,800r/min
	G00 X34 Z−22	定位到切槽循环起点
②螺纹退刀槽	G75 R1	G75 切槽循环指令固定格式
	G75 X24 Z−27 P3000 Q2000 R0 F20	G75 切槽循环指令固定格式
	M03 S1200	提高主轴转速,1200r/min
	G01 X24 F100	移至槽底
	Z−27 F40	精修槽底
	X90 F300	抬刀
	G00 X90 Z−75	定位到切槽循环起点
	G75 R1	G75 切槽循环指令固定格式
	G75 X46 Z−87 P3000 Q2000 R0 F20	G75 切槽循环指令固定格式
③宽槽1	M03 S1200	提高主轴转速,1200r/min
	G01 X46 F100	移至槽底
	Z−87 F40	精修槽底
	X90 F300	抬刀
	G00 X200 Z200	快速退刀
	T0303	换 03 号螺纹刀
	G00 X40 Z3	定位到锥度螺纹循环起点
G76 车螺纹	G76 P020260 Q100 R0.1	G76 螺纹循环指令固定格式
	G76 X27.786 Z−22 P1107 Q500 R0 F2	G76 螺纹循环指令固定格式
	G00 X200 Z200	快速退刀
	M03S800	主轴正转,800r/min
	T0404	换 04 号反偏外圆车刀
④G71 粗车循环	G00 X80 Z−75	快速定位到循环起点
	G71 U3 R1	X 向每次吃刀量为 3mm,退刀为 1mm
	G71 P30 Q40 U0.4 W−0.1 F100	循环程序段 N30~N40,此处 Z 向余量必须为负值
	N30 G01 X46	下刀至圆弧顶端右侧
外轮廓	Z−72	接触圆弧
	G02 X76 Z−57 R15	车削 R15 顺时针圆弧
	N40 G01 Z−57	顶部平一刀,避免接刀痕
	M03 S1200	提高主轴转速,1200r/min
精车	G70 P30 Q40 F40	精车
	G00 X200 Z200	快速退刀

第二章 数控车床编程提高案例

	M03 S800	主轴正转,800r/min
⑤G71粗车循环	T0101	换01号外圆车刀
	G00 X90 Z−84	快速定位到循环起点
	G71 U3 R1	X向每次吃刀量为3mm,退刀为1mm
	G71 P50 Q60 U0.4 W0.1 F100	循环程序段N50～N60,
外轮廓	N50 G00 X56	垂直移动到最低处,不能有Z值
	G01 Z−87	接触工件
	X64 Z−91	车削C4倒角
	Z−95	车削φ64外圆
	X70	车削φ70外圆的右端面
	N60 Z−153	车削φ70外圆
精车循环	M03 S1200	提高主轴转速,1200r/min
	G70 P50 Q60 F40	精车
⑥G73粗车循环	M03 S800	主轴正转,800r/min
	G00 X74 Z−118	快速定位到循环起点
	G73 U2 W2 R2	X向每次吃刀量为3mm,退刀为1mm
	G73 P70 Q80 U0.4 W0.1 F100	循环程序段N70～N80
外轮廓	N70 G01 X70 Z−120	接触工件
	N80 G02 Z−140 R13	车削R13顺时针圆弧
精车	M03 S1200	提高主轴转速,1200r/min
	G70 P70 Q80 F40	精车
	G00 X200 Z200	快速退刀
⑦宽槽2	T0202	换切断刀,即切槽刀
	M03 S800	主轴正转,800r/min
	G00 X74 Z−102	定位到切槽循环起点
	G75 R1	G75切槽循环指令固定格式
	G75 X62 Z−114 P3000 Q2000 R0 F20	G75切槽循环指令固定格式
	M03 S1200	提高主轴转速,1200r/min
	G01 X62 F100	移至槽底
	Z−114	精修槽底
	X90 F300	抬刀
尾部倒角	G00 Z−153	快速定位至尾部上方
	G01 X64 F20	切倒角让刀槽
	X74F100	抬刀
	Z−150	移至倒角上方
	X70	接触工件
	X64 Z−153 F20	切削C3倒角

切断	X0	切断
	G00 X200 Z200	快速退刀
结束	M05	主轴停
	M30	程序结束

5. 刀具路径及切削验证

复合螺纹轴零件刀具路径如图 2.21 所示。

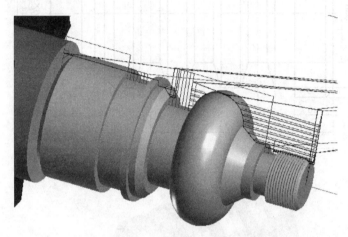

图 2.21 复合螺纹轴零件刀具路径

6. 经验总结

① 本例题中带角度的锥度外圆部分的尺寸，可将算式代入程序中计算。

② 采用复合轮廓粗车循环 G73 指令时，注意切削量 U 和车削次数 R 的取值。

③ 注意反偏外圆车刀的刀杆尺寸，以保证其可以进入左侧的槽中。

④ 注意加工宽槽使用 G75 指令后会出现槽底不平的情况，因此必须使用 G01 指令精修槽底。

七、V 形槽螺纹轴复合零件

1. 学习目的

① 学会分析该工件的加工步骤。

② 熟练掌握通过外径粗车循环指令 G71 的编程方法。

③ 熟练掌握加工嵌入式螺纹的编程方法。

④ 思考 V 形槽如何计算，有什么编程技巧。

⑤ 熟练掌握尾部倒角退刀的编程方法。

⑥ 能迅速构建编程所使用的模型。

动画演示

2. 加工图纸及要求

数控车削如图 2.22 所示的零件，编制其加工的数控程序。

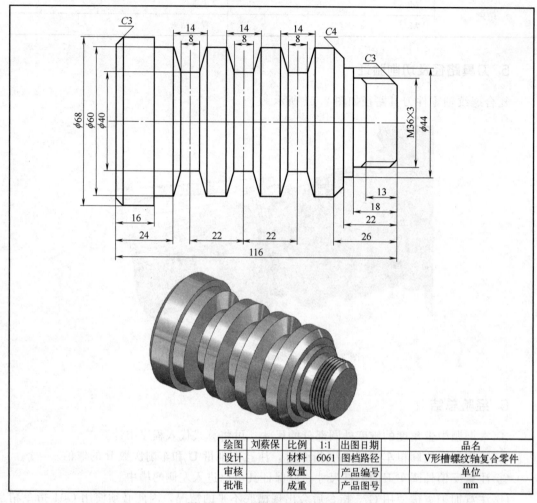

绘图	刘蔡保	比例	1:1	出图日期		品名	
设计		材料	6061	图档路径		V形槽螺纹轴复合零件	
审核		数量		产品编号		单位	
批准		成重		产品图号		mm	

图 2.22 V形槽螺纹轴复合零件

3. 工艺分析和模型

(1) 工艺分析

该零件表面由外圆柱面、斜锥面、V形槽、外螺纹、倒角等表面组成，零件图尺寸标注完整，符合数控加工尺寸标注要求；轮廓描述清楚完整；零件材料为实心铝棒，切削加工性能较好，无热处理和硬度要求。

(2) 毛坯选择

零件材料为 6061 实心铝棒，ϕ70mm。

(3) 刀具选择

刀具号	刀具规格名称	加工内容	刀具特征	备注
T0101	外圆车刀	车端面及车轮廓	硬质合金 35°	

刀具号	刀具规格名称	加工内容	刀具特征	备注
T0202	切断刀(切槽刀)	切槽和切断	宽 3mm	
T0303	螺纹刀	外螺纹	60°牙型	

(4) 几何模型

本例题一次性装夹，轮廓部分采用 G71 指令编程，其加工路径的模型设计如图 2.23 所示。

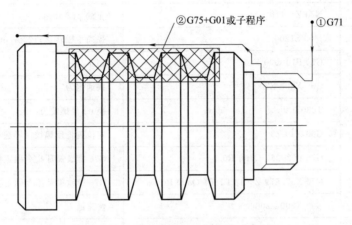

图 2.23　几何模型和编程路径示意图

(5) 数学计算

本例题需要计算圆弧的坐标值和锥面关键点的坐标值，可采用三角函数、勾股定理等几何知识计算，也可使用计算机制图软件（如 AutoCAD、UG、Mastercam、SolidWorks 等）的标注方法来计算。

4. 数控程序

	M03 S800	主轴正转,800r/min
开始	T0101	换 01 号外圆车刀
	G98	指定走刀按照 mm/min 进给
端面	G00 X80 Z0	快速定位到工件端面上方
	G01 X0 F80	车端面,走刀速度为 80mm/min
①G71 粗车循环	G00 X80 Z3	快速定位到循环起点
	G71 U3 R1	X 向每次吃刀量为 3mm,退刀为 1mm
	G71 P10 Q20 U0.4 W0.1 F100	循环程序段 N10～N20
外轮廓	N10 G00 X30	垂直移动到最低处,不能有 Z 值
	G01 Z0	接触工件
	X36 Z−3	车削 C3 倒角
	Z−18	车削到 φ36 外圆

第二章　数控车床编程提高案例

外轮廓	X44	车削 φ44 外圆的右端面
	Z−22	车削到 φ44 外圆
	X52	车削 φ60 外圆的右端面
	X60 Z−26	车削 C4 倒角
	Z−100	车削 φ60 外圆
	X68	车削 φ68 外圆的右端面
	N20 Z−119	车削 φ68 外圆
精车循环	M03 S1200	提高主轴转速，1200r/min
	G70 P10 Q20 F40	精车
	G00 X200 Z200	快速退刀
螺纹	T0303	换 03 号螺纹刀
	G00 X40 Z3	定位到锥度螺纹循环起点
	G76 P020260 Q100 R0.1	G76 螺纹循环指令固定格式
	G76 X32.679 Z−13 P1661 Q800 R0 F3	G76 螺纹循环指令固定格式
	G00 X200 Z200	快速退刀
②第1个V形槽	T0202	换切断刀，即切槽刀
	M03 S800	主轴正转，800r/min
	G00 X64 Z−40	定位到第1个V形槽中间区域循环起点
	G75 R1	G75 切槽循环指令固定格式
	G75 X40 Z−45 P3000 Q2000 R0 F20	G75 切槽循环指令固定格式
	G00 Z−37	定位到第1个V形槽右侧上方
	G01 X60 F80	接触工件
	X40 Z−40 F20	车削第1个V形槽右侧锥面
	X64 F200	抬刀
	Z−48	定位到第1个V形槽左侧上方
	X60 F80	接触工件
	X40 Z−45	车削第1个V形槽左侧锥面
	M03 S1200	提高主轴转速，1200r/min
	Z−40 F40	精车槽底
	X64 F300	抬刀
②第2个V形槽	G00 X64 Z−[40+22]	定位到第2个V形槽中间区域循环起点
	G75 R1	G75 切槽循环指令固定格式
	G75 X40 Z−[45+22] P3000 Q2000 R0 F20	G75 切槽循环指令固定格式

数控车床编程练习指导与提高

	G00 Z−[37+22]	定位到第 2 个 V 形槽右侧上方
	G01 X60 F80	接触工件
	X40 Z−[40+22] F20	车削第 2 个 V 形槽右侧锥面
	X64 F200	抬刀
②第 2 个 V 形槽	Z−[48+22]	定位到第 2 个 V 形槽左侧上方
	X60 F80	接触工件
	X40 Z−[45+22]	车削第 2 个 V 形槽左侧锥面
	M03 S1200	提高主轴转速,1200r/min
	Z−[40+22] F40	精车槽底
	X64 F300	抬刀
	G00 X64 Z−[40+44]	定位到第 3 个 V 形槽中间区域循环起点
	G75 R1	G75 切槽循环指令固定格式
	G75 X40 Z−[45+44] P3000 Q2000 R0 F20	G75 切槽循环指令固定格式
	G00 Z−[37+44]	定位到第 3 个 V 形槽右侧上方
	G01 X60 F80	接触工件
	X40 Z−[40+44] F20	车削第 3 个 V 形槽右侧锥面
②第 3 个 V 形槽	X64 F200	抬刀
	Z−[48+44]	定位到第 3 个 V 形槽左侧上方
	X60 F80	接触工件
	X40 Z−[45+44]	车削第 3 个 V 形槽左侧锥面
	M03 S1200	提高主轴转速,1200r/min
	Z−[40+44] F40	精车槽底
	X64 F300	抬刀
	G00 X80	快速抬刀
	Z−119	快速定位至尾部上方
	G01 X62 F20	切倒角让刀槽
尾部倒角	X80 F100	抬刀
	Z−116	移至倒角上方
	X68	接触工件
	X62 Z−119 F20	切削 C3 倒角
切断	X0	切断
	G00 X200 Z200	快速退刀
结束	M05	主轴停
	M30	程序结束

5. 刀具路径及切削验证

V 形槽螺纹轴复合零件刀具路径如图 2.24 所示。

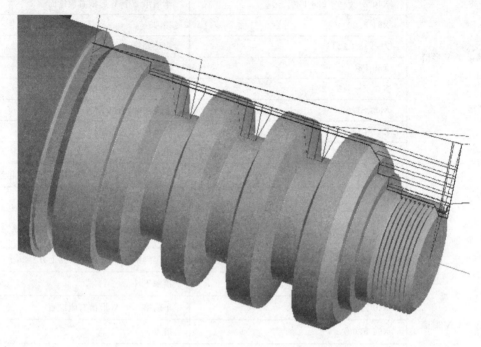

图 2.24　V 形槽螺纹轴复合零件刀具路径

6. 经验总结

① 掌握切槽循环指令 G75 加工 V 形槽的编程方法。

② 注意 V 形槽使用 G75 指令加工后会出现槽底不平的情况，因此必须使用 G01 指令精修槽底。

八、圆弧等距槽零件

动画演示

1. 学习目的

① 思考复合形状轴类零件加工顺序。

② 熟练掌握通过外径粗车循环指令 G71 和复合轮廓粗车循环指令 G73 联合编程的方法。

③ 掌握加工等距槽的编程方法。

④ 能迅速构建编程所使用的模型。

2. 加工图纸及要求

数控车削如图 2.25 所示的零件，编制其加工的数控程序。

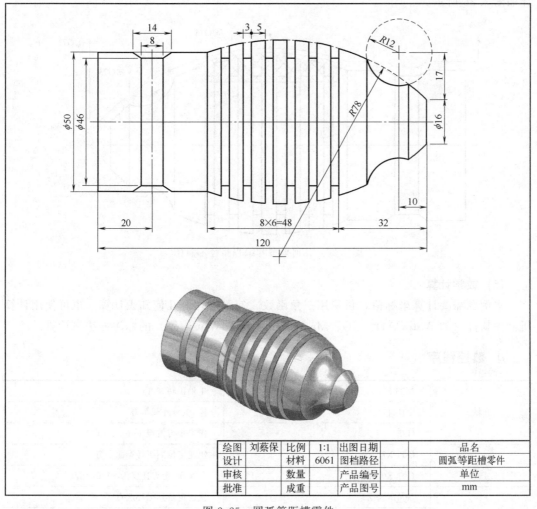

绘图	刘蔡保	比例	1:1	出图日期		品名	
设计		材料	6061	图档路径		圆弧等距槽零件	
审核		数量		产品编号		单位	
批准		成重		产品图号		mm	

图 2.25　圆弧等距槽零件

3. 工艺分析和模型

(1) 工艺分析

该零件表面由圆柱面、圆弧、斜锥面、等距槽等表面组成，零件图尺寸标注完整，符合数控加工尺寸标注要求；轮廓描述清楚完整；零件材料为实心铝棒，切削加工性能较好，无热处理和硬度要求。

(2) 毛坯选择

零件材料为 6061 实心铝棒，$\phi 64$mm。

(3) 刀具选择

刀具号	刀具规格名称	加工内容	刀具特征	备注
T01	硬质合金 35°外圆车刀	车端面及车轮廓		
T02	切断刀(切槽刀)	切槽和切断	宽 3mm	

(4) 几何模型

本例题一次性装夹，轮廓部分采用 G71 和 G73 指令联合编程，其加工路径的模型设计如图 2.26 所示。

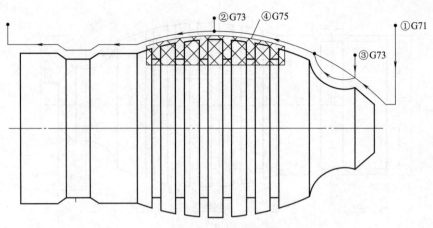

图 2.26　几何模型和编程路径示意图

(5) 数学计算

本例题需要计算坐标值，可采用三角函数、勾股定理等几何知识计算，也可使用计算机制图软件（如 AutoCAD、UG、Mastercam、SolidWorks 等）的标注方法来计算。

4. 数控程序

开始	M03 S800	主轴正转，800r/min
	T0101	换 01 号外圆车刀
	G98	指定走刀按照 mm/min 进给
端面	G00 X70 Z0	快速定位到工件端面上方
	G01 X0 F80	车端面，走刀速度为 80mm/min
①G71 粗车循环	G00 X70 Z3	快速定位到循环起点
	G71 U3 R1	X 向每次吃刀量为 3mm，退刀为 1mm
	G71 P10 Q20 U0.4 W0 F100	循环程序段 N10～N20
外轮廓	N10 G00 X16	垂直移动到最低处，不能有 Z 值
	G01 Z0	接触工件
	N20 G03 X59.059 Z−53.806 R78	车削 R78 逆时针圆弧顶端
②G73 粗车循环	G00 X70 Z−48	快速定位到循环起点
	G73 U6 W0 R3	G73 粗车循环，循环 3 次
	G73 P30 Q40 U0 W0 F80	循环程序段 N30～N40
外轮廓	N30 G01 X59.059	快速移动到 R78 圆弧最高处
	Z−53.086	接触工件
	G03 X50 Z−80 R78	车削 R78 顺时针圆弧
	G01 Z−93	车削 ϕ50 外圆
	X46 Z−96	车削小锥面
	Z−104	车削 ϕ46 外圆
	X50 Z−107	车削小锥面

外轮廓	Z-123	车削 ϕ50 外圆
	N40 X70	抬刀
精车	M03 S1200	提高主轴转速,1200r/min
	G00 Z3	快速返回精车起点
	X16 F40	垂直移动到最低处,定位到精车起点
	G01 Z0	接触工件
	G03 X50 Z-80 R78	车削 R78 顺时针圆弧
	G01 Z-93	车削 ϕ50 外圆
	X46 Z-96	车削小锥面
	Z-104	车削 ϕ46 外圆
	X50 Z-107	车削小锥面
	Z-123	车削 ϕ50 外圆
	X70	抬刀
③G73 粗车循环	M03 S800	主轴正转,800r/min
	G00 Z-4	快速返回
	X32	快速定位到循环起点
	G73 U3 W0 R2	G73 粗车循环,循环 2 次
	G73 P50 Q60 U0 W0 F80	循环程序段 N30～N40
小圆弧轮廓	N50 G01 X27.058 Z-6.477	接触工件
	N60 G02 X45.291 Z-21.767 R12	车削 R12 顺时针圆弧
精车	M03 S1200	提高主轴转速,1200r/min
	G70 P50 Q60 F40	精车
	G00 X200 Z200	快速退刀
④等距槽	T0202	换切断刀,即切槽刀
	M03 S800	主轴正转,800r/min
	G00 X62 Z-35	定位到切槽循环起点
	G75 R1	G75 切槽循环指令固定格式
	G75 X46 Z-75 P3000 Q8000 R0 F20	G75 切槽循环指令固定格式
切断	G00 X70	抬刀
	Z-123	快速定位至切断处
	G01 X0 F20	切断
	G00 X200 Z200	快速退刀
结束	M05	主轴停
	M30	程序结束

5. 刀具路径及切削验证

圆弧等距槽零件刀具路径如图 2.27 所示。

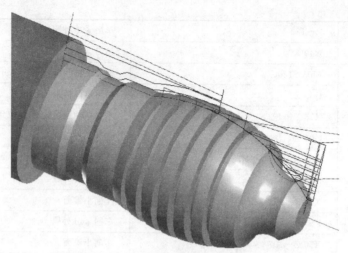

图 2.27　圆弧等距槽零件刀具路径

6. 经验总结

① 本例题带前端的圆弧需要注意循环起点的位置。

② 采用复合轮廓粗车循环指令 G73 时注意切削量 U 和车削次数 R 的取值。

③ 本例题精加工单独列出，可保证外圆整体粗糙度的一致性。

九、复合定位盘零件

动画演示

1. 学习目的

① 思考盘状零件如何加工。

② 熟练掌握镗孔循环的编程方法。

③ 知道钻孔的方法、重点和难点。

④ 熟练掌握通过端面粗车循环指令 G72 编程的方法。

⑤ 能迅速构建编程所使用的模型。

2. 加工图纸及要求

数控车削如图 2.28 所示的零件，编制其加工的数控程序。

3. 工艺分析和模型

（1）工艺分析

该零件表面由端面槽、通孔、内轮廓等表面组成，零件图尺寸标注完整，符合数控加工尺寸标注要求；轮廓描述清楚完整；零件材料为实心铝件，切削加工性能较好，无热处理和硬度要求。

（2）毛坯选择

零件材料为 6061 实心铝圆柱块，ϕ200mm。

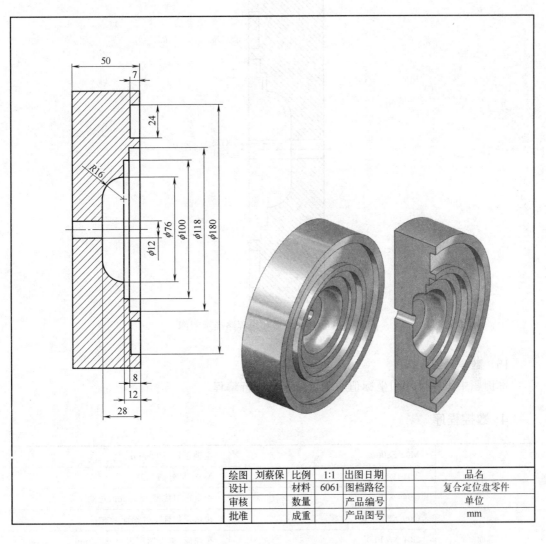

绘图	刘蔡保	比例	1:1	出图日期		品名	
设计		材料	6061	图档路径		复合定位盘零件	
审核		数量		产品编号		单位	
批准		成重		产品图号		mm	

图 2.28　复合定位盘零件

（3）刀具选择

刀具号	刀具规格名称	加工内容	刀具特征	备注
T0101	外圆车刀	车端面及车轮廓	硬质合金 35°	刀杆长度＞毛坯半径
T0202	—			
T0303	内圆车刀	车内轮廓	硬质合金 90°	注意刀杆宽度
T0404	钻头	钻孔		
T0808	端面槽刀	车端面槽	硬质合金 90°	注意对刀位置

（4）几何模型

本例题一次性装夹，轮廓部分采用 G72 指令编程，其加工路径的模型设计如图 2.29
所示。

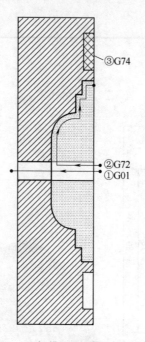

图 2.29　几何模型和编程路径示意图

(5) 数学计算

本例题中工件尺寸和坐标值明确,可直接进行编程。

4. 数控程序

	M03 S800	主轴正转,800r/min
开始	T0101	换 01 号外圆车刀
	G98	指定走刀按照 mm/min 进给
	G00 X200 Z0	快速定位到工件端面上方
端面	G01 X0 F80	车端面,走刀速度为 80mm/min
	G00 X200 Z200	快速退刀
	T0808	换 08 号端面槽刀
	M03 S800	主轴正转,800r/min
	G00 X174 Z2	定位到镗孔循环起点
端面槽	G74 R1	G74 镗孔循环指令固定格式
	G74 X132 Z−7 P2000 Q2000 R0 F20	G74 镗孔循环指令固定格式
	G00 X200 Z200	快速退刀
	T0404	换 04 号钻头
	M03 S800	主轴正转,800r/min
	G00 X0 Z2	定位孔
①钻孔	G01 Z−55 F15	钻孔,钻通
	Z2 F100	退出孔
	G00 X200 Z200	快速退刀

	T0303	换 03 号内圆车刀
②G72 粗车循环	G00 X2 Z3	快速定位到循环起点
	G72 W3 R1	Z 向每次吃刀量为 3mm,退刀为 1mm
	G72 P10 Q20 U−0.2 W0.2F60	循环程序段 N10~N20
内轮廓	N10 G01 Z−28	移动到内圆最深处,不能有 X 值
	X44	车削底面
	G02 X76 Z−12 R16	车削 $R16$ 顺时针圆弧
	G01 X100	车削 $\phi100$ 内圆的左端面
	Z−8	车削 $\phi100$ 内圆
	X118	车削 $\phi118$ 内圆的左端面
	N20 Z0	车削 $\phi118$ 内圆
精车	M03 S1200	提高主轴转速,1200r/min
	G70 P10 Q20 F40	精车
	G00 X200 Z200	快速退刀
结束	M05	主轴停
	M30	程序结束

5. 刀具路径及切削验证

复合定位盘零件刀具路径如图 2.30 所示。

6. 经验总结

① 车端面时,必须保证外圆车刀的伸出长度比工件半径大。

② 采用切槽循环指令 G74 进行镗孔编程时,需注意定位的对刀点的位置。

③ 内孔加工时,无论采用 G72 指令还是采用 G71 指令,都要比车削外圆的速度慢。

十、复合螺纹宽轴配合零件

图 2.30 复合定位盘零件刀具路径

1. 学习目的

① 思考加工中间以及尾部的圆弧如何编程。

② 熟练掌握通过外径粗车循环指令 G71 和复合轮廓粗车循环指令 G73 联合编程的方法。

③ 掌握采用加工宽槽的方法进行加工外圆的编程。

④ 学会使用反偏外圆车刀进行编程。

⑤ 熟练掌握加工螺纹的编程方法。

动画演示

⑥ 知道钻孔的方法、重点和难点。

⑦ 熟练掌握切槽循环指令 G75 编程的方法。

⑧ 能迅速构建编程所使用的模型。

2. 加工图纸及要求

数控车削加工如图 2.31 所示的零件，编制其加工的数控程序。

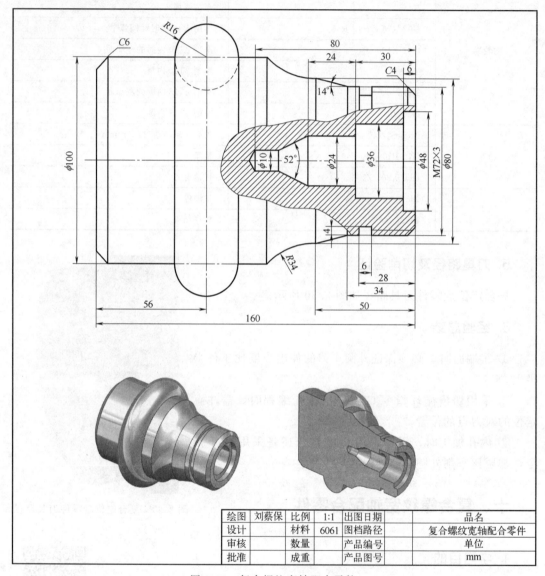

绘图	刘蔡保	比例	1:1	出图日期		品名	
设计		材料	6061	图档路径		复合螺纹宽轴配合零件	
审核		数量		产品编号		单位	
批准		成重		产品图号		mm	

图 2.31　复合螺纹宽轴配合零件

3. 工艺分析和模型

(1) 工艺分析

该零件表面由外圆柱面、圆弧、斜锥面、多种类型的槽、外螺纹等表面组成，零件图尺寸标注完整，符合数控加工尺寸标注要求；轮廓描述清楚完整；零件材料为实心铝棒，切削加工性能较好，无热处理和硬度要求。

（2）毛坯选择

零件材料为 6061 实心铝棒、$\phi 138mm$。

（3）刀具选择

刀具号	刀具规格名称	加工内容	刀具特征	备注
T0101	外圆车刀	车端面及车轮廓	硬质合金 35°	
T0202	切断刀（切槽刀）	切槽和切断	宽 3mm	
T0303	螺纹刀	外螺纹	60°牙型	
T0404	反偏外圆车刀	车轮廓	硬质合金 35°	刀体宽度≤20mm
T0505	钻头	钻孔		
T0606	内圆车刀	车内轮廓	硬质合金 35°	

（4）几何模型

本例题一次性装夹，轮廓部分采用 G71 和 G73 指令联合编程，其加工路径的模型设计如图 2.32 与图 2.33 所示。

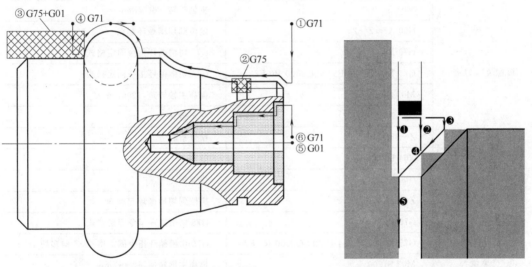

图 2.32　几何模型和编程路径示意图　　　　图 2.33　尾部倒角及切断示意图

（5）数学计算

本例题中工件尺寸和坐标值明确，可直接进行编程。

4. 数控程序

	M03 S800	主轴正转，800r/min
开始	T0101	换 01 号外圆车刀
	G98	指定走刀按照 mm/min 进给
端面	G00 X150 Z0	快速定位到工件端面上方
	G01 X0 F80	车端面，走刀速度为 80mm/min

	G00 X150 Z3	快速定位到循环起点
①G71 粗车循环	G71 U3 R1	X 向每次吃刀量为 3mm,退刀为 1mm
	G71 P10 Q20 U0.4 W0.1 F100	循环程序段 N10～N20
	N10 G00 X64	垂直移动到最低处,不能有 Z 值
	G01 Z0	接触工件
	X72 Z-4	车削 C4 倒角
外轮廓	Z-34	车削到 φ72 外圆
	X80 Z-50	斜向车削锥面
	G02 X100 Z-74 R34	车削 R34 顺时针圆弧
	G01 Z-88	车削到 φ100 外圆
	N20 G03 X132 Z-104 R16	车削 R16 逆时针圆弧
	M03 S1200	提高主轴转速,1200r/min
精车循环	G70 P10 Q20 F40	精车
	G00 X200 Z200	快速退刀
	T0202	换切断刀,即切槽刀
	M03 S800	主轴正转,800r/min
	G00 X76 Z-25	定位到切槽循环起点
	G75 R1	G75 切槽循环指令固定格式
②螺纹退刀槽	G75 X64 Z-28 P3000 Q2000 R0 F20	G75 切槽循环指令固定格式
	M03 S1200	提高主轴转速,1200r/min
	G01 X64 F100	移至槽底
	Z-28 F40	精修槽底
	X64 F300	抬刀
	G00 X150	快速抬刀
	Z-123	定位到切槽循环起点
	G75 R1	G75 切槽循环指令固定格式
	G75 X100 Z-164 P3000 Q2000 R0 F20	G75 切槽循环指令固定格式,Z 向多切 1mm
③宽槽	M03 S1200	提高主轴转速,1200r/min
	G01 X100 F100	移至槽底
	Z-163 F40	精修槽底
	X150 F300	抬刀
	G00 X200 Z200	快速退刀
	M03S800	主轴正转,800r/min
	T0404	换 04 号反偏外圆车刀
④G71 粗车循环	G00 X150 Z-123	快速定位循环起点
	G71 U3 R1	X 向每次吃刀量为 3mm,退刀为 1mm
	G71 P30 Q40 U0.4 W-0.1 F100	循环程序段 N30～N40,此处 Z 向余量必须为负值

	N30 G01 X100	下刀至圆弧顶端右侧
外轮廓	Z—120	接触圆弧
	G02 X132 Z—104 R16	车削 R16 的顺时针圆弧
	N40 G01 Z—100	顶部平一刀,避免接刀痕
精车	M03 S1200	提高主轴转速,1200r/min
	G70 P30 Q40 F40	精车
	G00 X200 Z200	快速退刀
G76 车螺纹	T0303	换 03 号螺纹刀
	G00 X78 Z3	定位锥度螺纹循环起点
	G76 P010060 Q100 R0.1	G76 螺纹循环指令固定格式
	G76 X68.679 Z—25 P1661 Q800 R0 F3	G76 螺纹循环指令固定格式
	G00 X200 Z200	快速退刀
⑤钻孔	M03 S800	主轴正转,800r/min
	T0505	换 05 号钻头
	G00 X0 Z2	定位孔
	G01 Z—82.567 F15	钻孔,根据
	Z2 F100	退出孔
	G00 X200 Z200	快速退刀
⑥G71 粗车循环	T0606	换 06 号内圆车刀
	G00 X12 Z3	快速定位到循环起点
	G71 U3 R1	X 向每次吃刀量为 3mm,退刀为 1mm
	G71 P50 Q60 U—0.4 W0.1 F100	循环程序段 N50~N60
内轮廓	N50 G00 X48	垂直移动到内圆最高处,不能有 Z 值
	G01 Z—6	车削 φ48 内圆
	X36	车削 φ36 内圆的右端面
	Z—30	车削 φ36 内圆
	X24	车削 φ24 内圆的右端面
	Z—54	车削 φ24 内圆
	X10 Z—68.352	斜向车削内锥面
	N60 X6	降刀
精车循环	M03 S1200	提高主轴转速,1200r/min
	G70 P50 Q60 F30	精车
	G00 X200 Z200	快速退刀
尾部倒角	T0202	换切断刀,即切槽刀
	M03 S800	主轴正转,800r/min
	G00 X150 Z—163	快速定位至尾部上方
	X104	降刀至尾部上方
	G01 X88 F20	切倒角让刀槽

	X104 F100	抬刀
	Z−160	移至倒角中间让刀槽
	G01 X96 F20	切倒角让刀槽的中间部分,不必很精确
尾部倒角	X104 F100	抬刀
	Z−157	移至倒角起始位置
	X100	接触工件
	G01 X88 Z−163 F20	切倒角
切断	X0	切断
	G00 X200 Z200	快速退刀
结束	M05	主轴停
	M30	程序结束

5. 刀具路径及切削验证

复合螺纹宽轴配合零件刀具路径如图 2.34 所示。

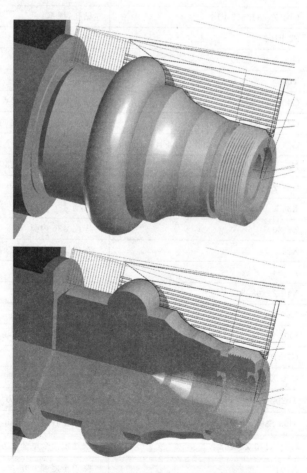

图 2.34 复合螺纹宽轴配合零件刀具路径

6. 经验总结

① 由于工件直径较大，车端面时必须保证外圆车刀的伸出长度比工件半径大。

② 注意尾部外圆用 G75 切槽循环指令粗车，而后必须使用 G01 指定精修。

③ 注意圆弧连接处的处理。

④ 注意反偏外圆车刀的 G73 循环的定位。

⑤ 内孔加工时无论采用 G72 还是采用 G71，都要比车削外圆的速度慢。

⑥ 内孔加工时需注意内圆车刀的导杆尺寸，要允许其深入编程加工的最深处。

参 考 文 献

[1]　刘蔡保. 数控车床编程与操作. 3 版. 北京：化学工业出版社，2024.

[2]　刘蔡保. 数控铣床（加工中心）编程与操作. 2 版. 北京：化学工业出版社，2020.